DE L'APPLICATION

DE

L'AIR ATMOSPHÉRIQUE

AUX

CHEMINS DE FER.

RÉSUMÉ DES OPINIONS DES INGÉNIEURS FRANÇAIS ET ANGLAIS SUR LES CHEMINS DE FER ATMOSPHÉRIQUES.

PAR **H. A DUBERN**.

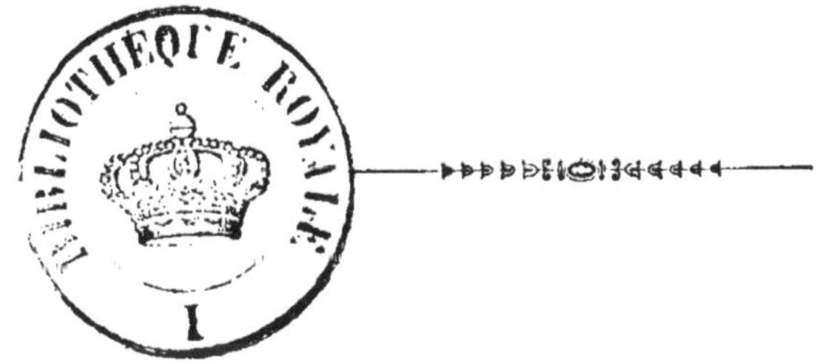

PARIS,

A LA LIBRAIRIE INDUSTRIELLE-SCIENTIFIQUE DE L. MATHIAS (Aug.)
Quai Malaquais, 15.

1846.

DE L'APPLICATION

DE

L'AIR ATMOSPHÉRIQUE

AUX

CHEMINS DE FER.

Paris. — Imp. BLONDEAU, rue Rameau, 7 (place Richelieu).

INTRODUCTION.

Les accidents qui malheureusement se répètent si souvent sur les chemins de fer, préoccupent tous les esprits, et il est à craindre qu'il n'arrive encore de plus grandes catastrophes aujourd'hui que l'on tend à augmenter le poids des machines, afin de leur donner plus de puissance; et que, pour rendre une exploitation fructueuse, les compagnies sont obligées de faire partir des convois monstres remorqués par deux locomotives.

En ce moment gouvernements et particuliers s'engagent dans la construction des chemins de fer qui doivent remplacer une partie des grandes voies de communication. Des sommes immenses vont être employées dans des travaux d'art toujours si dispendieux. Ne serait-il pas sage d'arrêter un instant ses idées sur un système de locomotion qui doit non-seulement offrir de l'économie dans son emploi, mais aussi, tout en permettant une rapidité de marche supérieure, préserver le public de presque toutes les chances d'accidents auxquels on n'est que trop exposé avec les locomotives à grande vitesse? Nous voulons parler du système *Atmosphérique.*

En Belgique, en Allemagne, je n'ose dire en France, les accidents sont moins fréquents qu'aux États-Unis et en Angleterre, c'est vrai, mais aussi y marche-t-on avec une célérité bien moindre et ne peut-on profiter entièrement du principal avantage, la *rapidité.* Suivant les Anglais, *Time is money*, le temps c'est de l'argent et le temps comporte son épargne. sur le Continent et chez nous particulièrement, il n'en est point encore ainsi; mais nous viendrons à apprécier toute la valeur de cet axiôme. Il n'est donc pas sans importance de s'occuper d'un système qui réunit *célérité* et *sécurité.*

Ayant dû m'occuper du mode de propulsion atmosphérique, en qualité d'administrateur d'un chemin de fer d'essai, construit à la *gare de Saint-Ouen*, pour expérimenter ce système avec une nouvelle soupape de M. Hédiard, j'ai eu l'occasion d'aller en Angleterre et de m'entretenir avec les premiers ingénieurs de ce pays. Afin de m'éclairer davantage sur le mérite de ce système de traction, je me suis procuré les volumineuses enquêtes que la Chambre des communes a publiées à ce sujet et les écrits des ingénieurs français et anglais qui s'en sont spécialement occupé.

J'ai pu ainsi me convaincre que le système atmosphérique offre trop d'avantages pour n'être pas généralement adopté dans un espace de temps plus ou moins long, et j'ai pensé qu'il convenait de fixer le public à cet égard, en lui soumettant le résumé des longues recherches que j'ai faites.

Dans cette brochure, le lecteur trouvera, non pas mon opinion personnelle, mais celles d'ingénieurs et de savants distingués ; il pourra former lui-même son opinion sur des documents en ordre, et je ne doute pas que, comme moi, il ne devienne partisan de ce système, soutenu par des ingénieurs aussi distingués que MM. Brunel, Cubitt, etc., qui, lorsqu'ils engagent leurs amis à adopter la traction atmosphérique de préférence à celle des locomotives, assument une immense responsabilité et engagent leur réputation d'ingénieur ; il faut donc qu'ils soient bien convaincus du succès pratique.

J'ai commencé ce travail en mettant sous les yeux du lecteur un exposé de M. E. Teisserenc, sur les divers systèmes de traction des chemins de fer, comparés à celui atmosphérique, et je donne ensuite les diverses opinions émises par MM. Stephenson, Brunel, Cubitt, Locke, etc., en Angleterre ; par MM. Mallet, Vuignier, etc., en France. La question est de savoir si l'atmosphère peut devenir un agent efficace de locomotion, et si on peut en faire l'application mécanique d'une manière utile. Je passe ensuite aux avantages de ce mode de propulsion sur les locomotives, tant sous le rapport de la sécurité que sous celui de la régularité du service ; vient la question commerciale, celle des machines fixes et quelques détails sur les locomotives et leurs dangereux effets; enfin, une courte notice sur ce que nous savons jusqu'à ce jour de l'exploitation du chemin de fer atmosphérique de Croydon et sur les travaux que la compagnie de Saint-Ouen a exécutés à ses frais pour prouver la supériorité de la soupape *Hédiard* sur la soupape anglaise de MM. *Clegg* et *Samuda*. Nous avons l'espoir que le gouvernement encouragera des essais faits sur une aussi vaste échelle par la concession d'une ligne qui permettra d'appliquer le système en grand.

J'annexe ici une note d'un ancien élève de l'École polytechnique, qui a assisté plusieurs fois aux expériences de la gare de Saint-Ouen et auquel j'ai communiqué le résumé des recherches qui m'ont conduit à publier cette brochure.

« M. Louis Millot indique quelques motifs qui lui font penser que l'*air* doit devenir le moteur universel de la circulation sur les chemins de fer, et il expose ainsi l'ordre progressif :

« Dans la puissance intellectuelle, ce qui est matériel d'abord, ce qui découle de la source de l'esprit, l'*idée* enfin, ou le sublime de la pensée. Dans la puissance matérielle, les corps solides, liquides et gazeux, la vaporisation de la *matière*.

« De même que l'*idée* eût été vaincue dans le chemin

de fer avant la découverte du télégraphe électrique qui la propage plus rapidement.

« De même que la viabilité eût été vaincue dans la locomotive avant la découverte du chemin de fer atmosphérique qui propage la circulation aussi rapidement et avec plus de *sécurité et de régularité*. De même la circulation eût été entravée sans l'application directe de l'air.

« Avec la vapeur d'eau, le danger est en *croupe* du voyageur; avec l'air, il n'est pas même admis par le voyageur.

« Pour que le conducteur du wagon s'avance avec l'allure décidée de la conviction et de la vraie puissance motrice, il faut qu'il n'y ait aucun obstacle devant lui, et que le courant propulseur précipite sa marche, comme dans le navire à voiles qui peut prendre le vent.

« De même, ici, l'air antérieur supprimé, le vide opéré, rien n'arrête la marche du piston qui reçoit une impulsion accélératrice de l'air qui rentre dans le tuyau creux, à l'instar du vent qui gonfle et pousse la voile en avant.

« L'industrie a deviné sa connexité avec la civilisation.

« La *circulation* avec *sécurité* est le premier moyen de commerce.

« Dans la vie des peuples, de même que dans toutes les grandes conceptions de la nature, il est un ordre immuable.

« Tout d'abord se présentent les idées spéculatives, et bientôt à la suite de la pensée d'élaboration d'esprit, vient la *pensée d'exécution*, ou le cercle des idées positives.

« Après le XVIIIe siècle, tout philosophique et théorique, tout d'abstraction, après ce prélude obligé de vastes réformes sociales, qui ont résumé les épreuves de tant de générations pour conquérir l'*unité* et la *pondération*, qui sont inséparables dans l'équilibre universel, nous entrons dans le domaine non moins étendu de la pratique, avec le flambeau des sciences positives.

« Animé de toute la puissance des forces vives, morales, matérielles et intellectuelles, l'homme apparaît avec des organes nouveaux, 1° dans le sous-sol ou les entrailles de la terre avec la lampe protectrice de Davy, pour extraire les éléments de la viabilité, le fer et la houille; 2° dans l'immensité des mers avec son navire de feu, le bateau à vapeur, pour sillonner les eaux, en l'absence même des *vents favorables ;* 3° sur la terre, dans ses tunnels, dans le flanc des montagnes, dans les plaines et vallées, avec sa *locomotive enflammée,* pour s'emparer, dans sa marche rapide, des espaces, du temps, de la production et de la consommation tout à la fois.

« La décomposition et la vaporisation de l'eau, *l'analyse de l'air,* leur étude, celle du calorique, la révélation des lois des *fluides* gazeux, et surtout l'expansibilité de la vapeur ont présidé aux premiers prodiges dans la viabilité; mais ce n'est pas le dernier mot de la science.

« Quel admirable système d'équilibre dans l'action de ces puissances réelles, de ces forces *attractives* inhérentes à la raison *d'humanité.*

« Si dans les arts et les lettres, le sublime est la plus simple expression du beau : dans la viabilité, le sublime est la plus simple expression de la célérité et des *moyens de circulation.*

« Si le *courant d'eau* est un chemin qui marche tout seul dans le fond des vallées : le courant métallique, l'artère ferrée est un chemin qui sillonne la surface du sol, sur les plateaux, comme dans les plaines, au milieu des populations agglomérées et des foyers agricoles, industriels et commerciaux tout à la fois; c'est un chemin qui roule tout seul et s'aplanit sous la moindre traction d'une force motrice animée ou inanimée, le cheval, le vent, la vapeur et même la vitesse de *l'eau et de l'air.*

« L'esprit se refuse à embrasser tout d'abord les influences et l'avenir entier des chemins de fer; mais il ne se repose pas que leur amélioration ne soit garantie avec les plus grandes probabilités d'une sécurité complète.

« Cette puissance accélératrice nouvelle de la vapeur entraîne tous les obstacles; mais plus elle se développe, comme celle de la poudre, plus elle excite de recherches pour prévenir tout accident dans la locomotion.

« La vérité est inséparable de l'ordre naturel : mais il n'y a pas de limite dans la libéralité *innée*.

« La Providence suprême veut-elle doter le genre humain de ce que les anciens appelaient un des quatre éléments, *l'eau* native, courante ou stagnante ; elle y dépose le germe de la puissance infinie qui anime toute la création dans une grande conception de durée et de *régénération*.

« Cette goutte d'eau, la plus pure du ciel, en tombant sur la terre, tantôt absorbée par le sol, ou congelée par le froid ou vaporisée par la chaleur, semble toujours recéler sa force native et matérielle.

« Cette puissance motrice irrésistible des eaux, à l'état solide, liquide ou gazeux, les glaces, les fleuves et la vapeur apparaissent tour à tour des dominateurs physiques, des régulateurs de la direction humaine et de la circulation, sur les patins, dans les traîneaux, sur les bateaux, dans la locomotive.

« Mais l'homme marche à la conquête d'un *sixième* sens, celui de la mobilité ! S'arrêtera-t-il à l'usage des eaux ? Non, sans doute.

« Dans sa grande inspiration créatrice, qu'il ne peut emprunter qu'aux puissances natives qu'il a constamment sous les yeux, sa pensée se fixera, non plus sur l'eau qui est à distance de ses membres, mais à son rival en grandeur, à *ce qui ne manque jamais,* à la bulle *d'air* enfin, dans ce milieu perpétuel qui *l'en-*

toure, le *presse de son poids*, le *vivifie*, et sans lequel les autres sens sont paralysés.

« Sans air, pas de son, pas de lumière, rien de palpable, rien pour le goût, ni pour l'odorat, ni pour le mouvement.

« L'eau nous paraît d'un effet immense sur la terre ; mais *l'air seul* n'anime-t-il pas également l'homme sur le sol et dans le sous-sol, le poisson sous l'eau pour l'y faire circuler, l'oiseau dans l'espace pour l'y diriger, lorsque l'air seul agit sur les organes circulatoires des amphibies, des volatiles, etc.

« C'est donc dans l'air, de préférence à la vapeur d'eau, que nous devons puiser directement, comme à une source intarissable, notre élément de viabilité, dégagée de la *dangereuse locomotive explosible*, ou passible de privations alimentaires.

« Mais comment utiliser l'air pour la viabilité parfaite?

Oui, sans doute, la pression de l'air excite et enfle la voile du navire, et la vitesse de l'air jusqu'à la tempête qui lui imprime 48 mètres à la seconde, représente douze fois plus de rapidité que le fleuve du Rhône, 172 kilomètres à l'heure (43 lieues).

« Sans doute la puissance de l'air comprimé, qui a aussi ses dangers d'explosion jusqu'à la *liquéfaction*, est incommensurable, et d'un grand avantage, pratique dans les industries privées.

« Mais dans la grande voie de la circulation nationale, il faut plus d'avenir, moins d'entraves et de dangers permanents.

« Dans l'ordre de la vérité, l'idée précise s'acquiert par la comparaison des principes régulateurs.

« Presque toujours la *réaction* est égale à *l'action directe.*

« Dès-lors, par cela même qu'une grande *puissance* qui vous était *opposée*, et qui, disait-on, arrêterait votre marche, *vient à disparaître*, vous vous trouverez *naturellement* animé de toute la vitesse accélératrice, de la pression de l'air rentrant dans le vide.

« Vainement on dira que les anciens avaient horreur du vide, alors qu'ils ignoraient la composition de l'air et l'admirable machine *pneumatique.*

« Vainement l'on dira qu'on régularise la compression de l'air pour hâter la circulation directe des voyageurs et des diligences qui les suivent. Ici, la *perfection* de la machine humaine à compression peut-elle entrer en comparaison avec la loi naturelle et prépondérante des fluides aériformes, l'air, d'abord, avec sa puissance indéfinie d'action et de réaction.

« Tel est, depuis, le charriot à voiles construit par Simon *Stevins,* en 1600, et qui excita l'admiration de *Grotius*, l'ordre naturel du progrès.

« Il laisse d'assez belles palmes aux sommités de la science et aux inventeurs jusque-là en immense réputation, et entourés de notre reconnaissance et de notre vénération.

« Mis à votre tour, sur la voie du perfectionnement avec l'*élément de prédilection de la viabilité,* avec le mobile naturel de la circulation, où l'air est inhérent au succès, comme il est inséparable de la vie humaine, vous devez présenter avec confiance les résultats des recherches consciencieuses que vous avez faites, appuyées qu'elles sont de l'opinion favorable de l'ingénieur *Brunel,* dont le nom retentit sur les rives de la Seine comme sur celles de la Tamise.

« En un mot :

« La *bulle d'air* qui anime et met en équilibre tous les sens ne pourra-t-elle pas, par son action et réaction, *de puissance du premier ordre,* assurer et perpétuer avec *sécurité* toute locomotion sur les artères ferrées, ou grands diamètres du monde?

« Tel est le problème d'utilité publique dont vous exposez la solution. L'air qui soulève la pompe à eau, l'air qui, dans l'enfance, emporte soit la bulle de savon, soit le cerf-volant imprégné de l'humidité ou de l'électricité des nuages, soit enfin le ballon, dans lequel le *gaz plus léger* représente le *vide relatif,* doit toujours vous servir admirablement dans l'application aux chemins *de fer à tubes creux.*

« Dans toutes les périodes de notre existence sociale, nous acquerrons à *raz-terre* la vitesse de la Montgolfière à air *raréfié,* ou de l'*aérostat allégé que le vent chasse,* dès que nous opérons le vide dans le *ballon métallique allongé,* ou ce grand conducteur de l'air ambiant, et du piston qui dirige l'*équipage terrestre* avec toute la *célérité et la sécurité désirable.*

« Dans le *ballon*, il y a le danger que l'air ne rentre trop précipitamment et n'écrase l'enveloppe gazeuse.

« Dans le tube métallique, *à lèvres d'acier*, l'air rentrerait inopinément, que la marche seule des wagons serait retardée sans aucun danger.

« Je termine en appelant votre attention sur l'*infaillibilité* d'opérer directement le vide dans les tubes propulseurs, sur la plus grande étendue. »

Paris, 20 août 1846.

DU SYSTÈME
DE
PROPULSION ATMOSPHÉRIQUE
APPLIQUÉE
AUX CHEMINS DE FER.

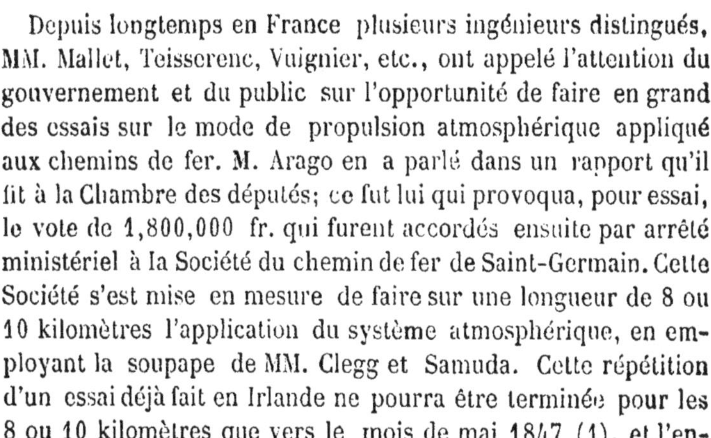

Depuis longtemps en France plusieurs ingénieurs distingués, MM. Mallet, Teisserenc, Vuignier, etc., ont appelé l'attention du gouvernement et du public sur l'opportunité de faire en grand des essais sur le mode de propulsion atmosphérique appliqué aux chemins de fer. M. Arago en a parlé dans un rapport qu'il fit à la Chambre des députés; ce fut lui qui provoqua, pour essai, le vote de 1,800,000 fr. qui furent accordés ensuite par arrêté ministériel à la Société du chemin de fer de Saint-Germain. Cette Société s'est mise en mesure de faire sur une longueur de 8 ou 10 kilomètres l'application du système atmosphérique, en employant la soupape de MM. Clegg et Samuda. Cette répétition d'un essai déjà fait en Irlande ne pourra être terminée pour les 8 ou 10 kilomètres que vers le mois de mai 1847 (1), et l'en-

(1) Cette application du système atmosphérique, sous l'habile direction de M. E. Flachat, ingénieur de la compagnie, ne peut manquer de réussir, et le retard apporté dans la livraison des tubes permettra de profiter de toute l'expérience acquise aux dépens de la compagnie de Croydon.

voi en Angleterre de quelques-uns des membres du corps royal des ponts-et-chaussées, chargés d'examiner le nouveau chemin de fer atmosphérique de Croydon, n'aurait pas coûté tout à fait aussi cher, et on aurait été tout aussi bien et plus promptement mis au courant des améliorations qui avaient pû être faites depuis la construction de celui de Dalkey à Kingstown, en Irlande.

Nous puiserons dans les écrits des ingénieurs qui ont spécialement traité cette question de propulsion atmosphérique ; nous analyserons les deux enquêtes qui ont été ouvertes, en 1844 et 1845, devant une commission de la Chambre des communes, afin de mettre le public à même de juger ce système de locomotion et d'apprécier les avantages qu'il offre sur celui à locomotives.

Nous ne pouvons mieux faire pour donner une idée complète du système atmosphérique, comparé aux autres systèmes de traction, que de copier ce que M. **E. TEISSERENC** en écrivait au ministre des travaux publics :

« Jusqu'ici (1) la puissance motrice de la vapeur n'est appliquée aux chemins de fer que de deux manières :

« Ou on la fait agir directement sur les roues d'un appareil mobile qui trouve dans l'adhérence des roues sur les rails son point d'appui, avance sur ces rails et entraîne derrière lui les trains de marchandises et de voyageurs ; c'est le système locomotif ;

« Ou elle met en mouvement, par le moyen d'une machine fixe, des tambours de grand diamètre, liés aux voitures qu'il s'agit de déplacer par un intermédiaire propre à transmettre le mouvement ; c'est le système des machines fixes à câble en corde, ou mieux, en fil de fer.

« Le système atmosphérique forme en quelque sorte un terme

---

(1) Rapport adressé à M. le ministre des travaux publics sur les chemins de fer, par E. Teisserenc. Paris, imprimerie royale, 1840, pages 106 et suivantes.

moyen entre le système locomotif et le système des machines fixes à câble. Chez lui le moteur des trains est mobile comme les trains eux-mêmes; c'est la pression atmosphérique agissant sur un piston devant lequel on a fait un vide imparfait; mais la cause déterminante du mouvement, l'appareil au moyen duquel le vide se fait, est une machine fixe agissant sur une pompe pneumatique.

« On pourrait donc, jusqu'à un certain point, comparer le système atmosphérique à un système de machines fixes à câble, dans lequel le câble serait remplacé par l'air.

« Bien qu'arrivé à un assez grand état de perfection, le système locomotif a encore de grands inconvénients, pour la plupart inhérents à son essence même.

« J'ai dit, dans la première partie de ce travail, que l'on pouvait beaucoup outrepasser les limites des pentes, trop souvent préférées, sans porter atteinte à la bonne exploitation des railways. Toutefois cette liberté d'action n'est pas tellement étendue, que l'on soit dispensé de construire pour les chemins de fer des voies entièrement distinctes, que l'on puisse utiliser aucune de celles qui existent.

« Une locomotive en mouvement, dépensant toujours à peu près la même somme, quelle que soit la charge, et les frais de réparations, étant proportionnellement beaucoup moins considérables sur une locomotive de très grande masse, c'est-à-dire, de très grande puissance, il n'y a, avec ce moteur d'exploitation économique, que celle dans laquelle on obtient pour chaque train une charge considérable, ce qui conduit à limiter autant que possible le nombre des départs quotidiens, conséquemment les occasions de déplacement du public.

« Les besoins de la sécurité publique conduisent aux mêmes conclusions. Des convois trop rapprochés sur une grande ligne sont une cause permanente de dangers. Cela est si vrai et si généralement compris que les compagnies anglaises se sont décidées à mener à la vitesse de 24 kilomètres à l'heure leurs trains de marchandises. Une vitesse moitié moindre procurerait des transports beaucoup plus économiques ; mais il faut prévenir à tous prix la possibilité des collisions.

« Ne pouvant diviser les trains, ni créer à volonté des trains supplémentaires, aussitôt qu'un convoi est trop chargé, il faut atteler deux locomotives, c'est-à-dire, doubler les frais de transport. Les accidents sur les trains menés à grande vitesse ont d'autant plus de gravité que le nombre des voitures attelées est plus considérable. Non seulement ils frappent un plus grand nombre de personnes ; mais la masse, en mouvement, étant plus grande, les chocs, en cas d'arrêt brusque, sont plus difficiles à amortir, plus désastreux dans leurs conséquences.

« Un essieu brisé, un déraillement peuvent interrompre la circulation pendant plusieurs heures. Rien n'avertit qu'un accident est arrivé, que la voie est obstruée, que les trains qui suivent de près le convoi gêné dans sa marche doivent être arrêtés.

« La locomotive porte avec elle un élément terrible de destruction, le feu, dont la catastrophe du 8 mai, les accidents arrivés sur le chemin de Liège, sur celui de Tsarkoé Selo, à Saint-Pétersbourg, ne font que trop ressortir le danger.

« Elle ne tient à la voie par aucun point fixe, ce qui oblige à donner un large rayon aux courbes des railways construits pour une grande vitesse, ce qui rend beaucoup plus grave la présence des moindres obstacles sur la voie.

« Il n'y a pas jusqu'au bruit qu'elle fait qui n'ait ses inconvénients et ses dangers, surtout quand on se trouve à proximité d'une grande voie publique fréquentée par des animaux de trait et par des bestiaux.

« Les locomotives perdent la plus grande partie de leur force de traction, quand on veut obtenir des vitesses très considérables ; au-delà de 100 kilomètres, elles suffisent tout juste à se traîner elles-mêmes, et dans l'état actuel des choses, on doit considérer 60 kilomètres à l'heure comme un maximum qui ne saurait être régulièrement outrepassé. L'élargissement de la voie du Great-Western n'a guère reculé cette limite, parce que, si l'on a pu ainsi augmenter la surface de chauffe des chaudières et la production de vapeur, on a été contraint en même temps de construire des appareils beaucoup plus lourds, qui consomment plus d'eau, plus de combustible, et nécessitent conséquemment un tender de très grand poids.

« Avec des machines plus lourdes, il faut des rails plus pesants, des travaux d'art plus massifs; avec une entre-voie plus large, les dépenses de première construction deviennent beaucoup plus considérables.

« Enfin, sur les rampes très roides et très longues en même temps, il est presque impossible d'éviter les ralentissements de vitesse; telle est la connexion qui existe entre les divers organes des remorqueurs à vapeur, qu'un ralentissement devient la cause d'un ralentissement nouveau, et qu'au contraire, une accélération de marche détermine une accélération nouvelle; de sorte que ces appareils tendent sans cesse à exagérer leurs imperfections. Affaiblis alors qu'ils auraient besoin de toute leur puissance, ils se surexcitent dans les pentes, là où on souhaiterait un effet modérateur.

« Les inconvénients du sytème des machines fixes sont plus multipliés encore, et ressortent des comparaisons que nous avons établies. Sitôt qu'on veut appliquer ce mode de traction sur de grandes longueurs, les cordes prennent un poids considérable, 80 tonnes, par exemple, sur le Blackwall, pour moins de 5 kilomètres.

« Pour mettre en mouvement des poids aussi considérables, appliqués à l'extrémité d'un bras de levier aussi grand que le rayon des tambours sur lesquels le câble s'enroule, il faut des précautions toutes particulières; engrener le mouvement avec une excessive lenteur d'abord, arrêter la machine longtemps à l'avance, de manière à éviter tout changement brusque de vitesse qui romprait infailliblement le câble.

« Les trains peuvent être divisés sans désavantage, multipliés sans danger, mais avec une dépense considérable d'entretien et de réparation des cordes et des poulies.

« Si faible que soit le poids des trains, la machine fixe, obligée de surmonter les résistances nombreuses que développe la corde par sa roideur, par ses frottements, doit toujours être d'une grande puissance.

« De 5 en 5 kilomètres il faut arrêter le train, l'attacher à une nouvelle corde, et l'on perd ainsi un temps précieux, on diminue singulièrement la vitesse moyenne.

« Le système des machines fixes à câble nécessite des tracés à peu près rectilignes.

« Personne, du reste, aujourd'hui ne songe à l'appliquer aux grandes lignes; je crois donc inutile d'insister davantage sur ses inconvénients.

« Le système atmosphérique est exempt des défauts que nous venons de reprocher aussi bien aux locomotives qu'aux machines à câbles. Son application dispenserait à la fois et du poids inutile du moteur dans le premier système, et du poids inutile de l'intermédiaire dans le second; elle permettrait l'excessive division, l'excessive multiplicité des trains, sans accroître les chances de collision, comme cela a lieu dans le système locomotif; sans augmenter la dépense, résultat inévitable de l'emploi des locomotives ou des machines à câbles; elle fournirait un moteur dont la puissance, bien loin de diminuer avec le poids des objets à traîner, avec la roideur des rampes à franchir, tendrait, au contraire, à croître dans le même sens; elle rendrait possibles toutes les vitesses avec des charges utiles, considérables, sur les chemins les plus planes comme sur les railways les plus inclinés. Bien loin de nécessiter une application lente de la puissance motrice au départ, un ralentissement progressif à l'arrivée, elle permettrait d'accumuler à l'avance la puissance motrice, de manière à imprimer rapidement aux trains leur maximum de vitesse. Avec elle seraient impossibles et les collisions et les accidents résultant de la présence du feu. Les sorties de rails deviendraient extrêmement difficiles, les effets de la force centrifuge très peu redoutables, puisque le train, composé au plus de deux voitures, serait étroitement lié à la voie. Enfin, construits pour recevoir des voitures trois et quatre fois moins lourdes que les locomotives, les chemins n'auraient plus besoin de rails aussi pesants, de ponts aussi résistants; les collisions n'étant plus à craindre, pas plus que les encombrements, puisque les marchandises voyageraient aussi vite que les voyageurs, une seule voie serait suffisante.

« Rien de plus simple, d'ailleurs, que la théorie de l'appareil au moyen duquel on réalise ces nombreux avantages.

« Que l'on imagine entre les rails un tube de fonte parfaitement hermétique, dans l'intérieur de ce tube un piston qui le ferme exactement; à l'une de ses extrémités, une pompe pneumatique mise en mouvement par une machine à vapeur et disposée de manière à enlever l'air contenu devant le piston. Que l'appareil aspirateur soit mis en mouvement, la pression atmosphérique d'un côté du piston sera diminuée proportionnellement à la quantité d'air enlevée; la pression sur l'autre face restant la même, le piston avancera mû par une force égale à la différence de ces pressions multipliées par la surface sur laquelle elle s'exerce, avec une vitesse précisément égale à la vitesse avec laquelle on fait le vide devant lui; il avancera jusqu'au moment où la pression sera redevenue la même sur ses deux faces, c'est-à-dire d'une quantité égale à la quantité d'air enlevée du tube par l'appareil pneumatique.

« Ainsi donc, dans cette combinaison, la vitesse est réglée par la puissance de l'appareil pneumatique, et, pour ainsi dire, sans limites comme cette puissance, (1) la force motrice mesurée par le diamètre du piston, et par le degré de raréfaction à l'intérieur du tube.

« Pour communiquer à des véhicules convenablement chargés un mouvement très rapide, il suffit donc de les relier au piston qui se meut dans le tube, et c'est là qu'apparaît, dans toute son étendue, la difficulté pratique qu'il y a eu à vaincre.

---

(1) Par puissance de l'appareil pneumatique, j'entends ici la puissance de raréfaction qui est déterminée dans chaque cas particulier, par le rapport de la capacité du cylindre pneumatique à la capacité totale du tube duquel il s'agit d'enlever l'air.

« Comment, en effet, lier le piston aux véhicules, sans offrir à l'air des moyens de rentrer dans le tube vide ?

« Exécuter, comme le proposait en 1824, Vallance, des cylindres en fonte assez larges pour recevoir à leur intérieur les voitures de passagers et le chemin de fer qui les portait?

« Enoncer cette solution, c'est en faire ressortir tout le ridicule.

« Adopter la soupape hydraulique de Medhurst, qui tenait bien les voitures en dehors du tube, mais qui nécessitait un chemin de fer de niveau dans toute sa longueur? Il n'y faut pas penser davantage.

« Après Vallance et Medhurst, quelques personnes, en tête desquelles il faut citer M. Pinkus, s'occupèrent encore du mode de propulsion atmosphérique et proposèrent des modèles de soupape plus ou moins ingénieux ; mais c'est seulement entre les mains de MM. Clegg et Samuda frères que cette invention a revêtu le caractère pratique qui la recommande aujourd'hui (1). »

M. Teisserenc décrit ensuite la soupape anglaise et rend compte des essais auxquels il a assisté sur un petit chemin modèle construit à Wormwood-Scrubbs, près Londres, et termine son rapport en disant :

« Il ne faut pas perdre de vue que cet essai n'est que l'enfance d'une invention imparfaite, comme toutes les créations nouvelles, mais essentiellement perfectible. Qu'était la locomotive, il y a vingt-cinq ans, lorsqu'on l'armait de jambes et de crémaillères pour la faire avancer sur les rails? Ce qu'il importait avant tout de constater, c'est que le principe sur lequel repose le système atmosphérique est rationnel et ce point me paraît définitivement acquis.

« La question de savoir si le système de la propulsion atmosphérique est résolue ne saurait donc être posée. »

---

(1) Depuis lors, plusieurs personnes ont inventé de nouvelles soupapes, entr'autres MM. Hallette, Hédiard, etc. ; nous en parlerons plus loin.

Cette conclusion, qui répond affirmativement à cette question : *la propulsion atmosphérique peut-elle être appliquée à la locomotion?* se trouve confirmée par les diverses opinions que nous allons reproduire.

M. **E. VUIGNIER**, en avril 1844, après avoir été examiner le chemin atmosphérique de Kingstown à Dalkey, écrit que la question de ce système est résolue comme science.

Dans l'enquête (1) ouverte par la Chambre des communes, en Angleterre, MM. **R. STEPHENSON, G. P. BIDDER**, ingénieurs, déclarent que l'atmosphère peut devenir un agent efficace de traction.

M. **LOCKE**, ingénieur, pense que d'après ce qu'il a examiné et vu, la question atmosphérique est résolue comme problème mécanique.

MM. Stephenson, Bidder et Locke déclarent que le système de propulsion atmosphérique ne doit s'appliquer qu'à des lignes courtes où il y aurait un grand mouvement de voyageurs et de marchandises, et pour lesquelles, par conséquent, les trains seraient très nombreux.

D'après leurs idées, ce système ne pourrait pas être adopté sur de longs parcours, et ce au point de vue commercial.

Dans la même enquête, d'autres ingénieurs aussi distingués que ceux que nous venons de citer pensent le contraire, et voici une analyse de leurs dépositions :

M. **W. CUBITT**. « Mon opinion est que l'on doit commencer les chemins de fer atmosphériques par les lignes courtes où se trouvent beaucoup de voyageurs, mais je ne vois pas pourquoi ce système ne serait pas également appliqué à une longue ligne dans les mêmes circonstances; avec de l'expérience et une bonne direction, on en viendra là. Aussi loin que les prévisions humaines peuvent aller, je crois qu'avec les soins convenables, une longue ligne pourra aussi bien être desservie par le système

---

(2) *Parliamentary reports on atmospheric railways.* London, 1844, 1845, ordered to be printed by the house of commons.

atmosphérique que par celui à locomotives. Il est des cas où le système atmosphérique est le meilleur à employer, s'il ne l'est pas pour tous.

« Je recommanderai le système atmosphérique comme une invention qui peut être mise en pratique, et non pas comme une simple expérience ; ce système doit offrir de grands avantages au public. »

M. J. K. **BRUNEL.** « Avant de proposer l'adoption du système atmosphérique, j'ai dû me convaincre de son application mécanique. A Wormwood-Scrubbs, j'ai trouvé que le tube atmosphérique et la soupape posés, et agissant dans des circonstances très-désavantageuses provenant d'une mauvaise voie et d'un terrain mou, produisaient néanmoins des résultats favorables quant au pouvoir de traction, et qu'on obtenait facilement un vide dans le tube.

« Lors de l'établissement de la ligne de Dalkey, j'y suis allé deux ou trois fois, et j'y ai fait des expériences avec soin. Mes expériences avaient pour but de me convaincre que la construction mécanique était praticable. Je me suis convaincu qu'il n'y aurait pas plus de difficultés mécaniques à appliquer ce système sur une longue ligne que sur une courte; c'est ce qui m'a fait recommander l'adoption de ce système sur la ligne de Plymouth à Exeter, où à cause des courbes et des pentes je le considère surtout applicable.

« Pour la ligne de Londres à Portsmouth, une seule ligne de tubes est suffisante, et comme la distance totale est de 78 milles (125 kilomètres), et peut être parcourue en moins de deux heures, je ne vois pas ce qui empêcherait de faire partir des trains de demi-heure en demi-heure de chaque point extrême. Le tube de 18 pouces (0,381 millimètres) admet une vitesse de 40 à 60 milles et plus par heure. Les dépenses d'exploitation ont été évaluées sur cette ligne à 35 p. 100.

« Tous les systèmes, et surtout les nouveaux sont susceptibles d'améliorations, et il est d'un esprit peu sensé de dire qu'une chose est impraticable depuis que tant de choses ont été accomplies, les chemins de fer atmosphériques compris, et qui avaient été déclarés impossibles quand on a commencé à en parler.

« Le système atmosphérique répondra à ce qu'on en attend, et aucun homme raisonnable ne peut en douter un instant (*and no rational man can have any doubt for a moment about it*). On peut encore élever quelque doute sur le point de vue commercial ; mais quant au système en lui-même, au point de vue de l'ingénieur, c'est un fait accompli. »

M. **W. CUBITT** fait à peu près la même réponse à lord Dalhousie, un des commissaires de la Chambre des communes, qui lui demandait s'il comptait assez sur le système atmosphérique pour ne pas être obligé de construire une ligne sur laquelle pourraient circuler des locomotives en cas de besoin.

Dans la Chambre des communes, lord **HOWICK**, en provoquant la nomination d'un comité pour faire une enquête sur un chemin de fer atmosphérique projeté, s'exprimait ainsi (lord H. avait été un des membres du comité d'enquête de 1845) :

« Parmi les bills présentés pour la concession de chemins de fer, il y en a deux ou trois où la concurrence existe entre le système atmosphérique et celui locomotif. On a pensé que le premier système réunirait l'avantage de pouvoir surmonter plus aisément les pentes difficiles à celui de la célérité et de la *sécurité*. Le *Board of trade* (conseil du commerce) a déclaré qu'il lui avait été démontré que le principe atmosphérique avait complètement réussi au point de vue mécanique ; il admet aussi qu'il est susceptible d'une vitesse et d'une sécurité supérieures au système locomotif ; que le seul point sur lequel on ne lui avait pas donné pleine satisfaction était celui commercial ; que les ingénieurs s'étaient accordés à dire que le système atmosphérique pouvait être exploité avec une sécurité parfaite et une grande vitesse ; que quant à lui (lord Howick) il avait la plus intime conviction que le système atmosphérique était aussi supérieur à celui à locomotives que ce dernier l'était aux diligences. »

M. **C. VIGNOLES**. « Dans la plupart des cas, le système atmosphérique sera préférable à celui à locomotives. Comme règle générale, sans particulariser les cas, ce système est préférable, et il est applicable aux longues lignes. Il peut exister encore des difficultés, mais il n'y a pas de doute que l'expérience apprendra à les surmonter. »

M. **JOSHUA FIELD.** « Le système atmosphérique est applicable à une longue ligne. »

Plusieurs autres ingénieurs ont constaté dans l'enquête la possibilité d'exploiter une longue ligne avec le système atmosphérique ; et dans le fait, une longue ligne n'est que l'adjonction de plusieurs petites lignes liées les unes aux autres.

Voici maintenant l'opinion de M. **ARAGO** :

« On a beaucoup argumenté d'une opinion dont on ne s'est pas rendu un compte exact. Beaucoup de gens disent, d'après M. Robert Stephenson, que les chemins de fer atmosphériques ne pourront jamais servir que dans le cas d'une circulation fort active ; cela est vrai à un certain point de vue ; supposez que le chemin de fer de Rouen soit fait d'après ce système (1), et qu'un seul convoi doive le parcourir chaque jour, le moyen actuel ne nécessitera qu'une locomotive ; dans le système atmosphérique, il faudrait mettre en mouvement toutes les machines fixes destinées à faire le vide dans les tubes ; or, comme leur éloignement serait de 8 kilom. au plus, ce serait 15 ou 16 machines contre une sous lesquelles il faudrait allumer le feu. Dans ce cas, et dans le cadre que nous nous somme tracé, le système atmosphérique ne serait pas bon. Supposons maintenant deux trains ; le système actuel, sans tenir compte des locomotives de secours, nécessitera deux machines ; à seize trains, il y aura plus de locomotives que de machines fixes ; à quoi il faut ajouter que les machines fixes ont de grands avantages sur les machines mobiles, car celles-ci se dérangent à un point, qu'après un par-

---

(1) D'après M. Mallet, il est reconnu que pour être bien fait, le service des chemins de fer de Rouen et d'Orléans nécessitent 60 locomotives. Rapport sur le chemin de Dalkey. Paris, 1844.

cours de 25 à 30 lieues, on doit les envoyer visiter aux ateliers. »

M. l'inspecteur divisionnaire **MALLET** a démontré, dans son rapport sur le chemin de fer de Dalkey, que si l'on peut établir un chemin de 25,000 mètres de longueur, on doit en conclure qu'on peut faire l'application de ce système à toutes longueurs. Il ajoute que ce système, quoiqu'on n'y admette qu'une voie, peut satisfaire aux échanges, si actives qu'on les suppose. Cependant il dit qu'il ne faut rien exagérer ; car, s'il se présentait une circonstance où, comme lorsque la foule se presse certains jours à Versailles, il faut ramener en peu d'heures une foule de personnes, deux voies seraient sans doute nécessaires.

L'objection que l'on fait à l'établissement des chemins de fer atmosphériques, c'est que, ou bien il y aura trop de trafic sur une longue ligne et alors une seule voie de tubes ne pourrait suffire, ou bien qu'il n'y en aura pas assez et qu'alors les frais d'entretien des machines fixes qui doivent être tout le jour en état de marcher pour 5, comme pour 10 ou 20 trains, entraîneront dans des dépenses de traction que l'on n'aurait pas avec les locomotives.

D'abord, il y a certaines localités où des chemins de fer atmosphériques ou locomotifs ne pourront jamais donner de résultats ; mais dans la plupart de celles où les données statistiques seraient de nature à permettre l'établissement d'un chemin de fer à locomotives, on pourra encore avec plus d'avantage lui préférer le système atmosphérique.

Sur tous les chemins de fer où les départs sont très fréquents, on verra encore augmenter le nombre des voyageurs, et d'un chemin de fer à locomotive d'un produit restreint, on pourra en avoir un atmosphérique très productif. Jamais les omnibus n'ont fait de meilleures affaires que depuis que les départs sont fréquents, et qu'en arrivant à une station, on est assuré de n'attendre que quelques minutes ; s'ils ne partaient que toutes les heures, ils seraient promptement ruinés.

M. Mallet émet une idée qui pourra fructifier, lorsqu'il dit :

« Ne pourrait-on pas, imitant ce qui se passe sur le Dalkey, où l'on parcourt plus de 500 mètres le piston hors du tube avec la force acquise, avoir de longues interruptions au bout desquelles le convoi trouvant un tuyau nouveau réparerait la vitesse perdue? » Une grande économie naîtrait de cette disposition ; des diverses combinaisons qu'on peut ainsi former, le dernier mot n'est pas dit.

Il ajoute que dans l'hypothèse où les machines fixes seraient placées à 5,000 mètres les unes des autres, il serait peut-être utile de doubler la voie dans quelques endroits ; l'expérience démontrera ce qu'il y aura à faire à cet égard.

Les diverses opinions que nous venons d'analyser établissent, sans contestation, pour les gens de l'art, la possibilité d'appliquer aux chemins de fer, d'une longueur quelconque, le système atmosphérique. Pour convaincre à son tour le public, il faut la sanction de l'expérience, et, avant peu, il y aura en Angleterre plusieurs lignes qui apporteront la conviction dans tous les esprits.

AVANTAGES DU SYSTÈME ATMOSPHÉRIQUE.

Voyons maintenant les avantages de ce même système sur celui de la locomotive et à cet effet résumons encore les dépositions faites devant la commission du parlement anglais et les écrits publiés en France par les ingénieurs qui ont étudié la question de la propulsion atmosphérique. Mais, disons, avant tout, que quant à la *sécurité* réelle pour les voyageurs dans le système atmosphérique, elle n'est niée par *personne*. C'est déjà un point assez important et bien constaté. Il devient plus important encore si l'on considère que cette sécurité ne diminue nullement avec une marche d'une vitesse double de celle obtenue par les locomotives; avec ces dernières, il n'en est point ainsi; plus la vitesse s'accroît, plus les chances d'accidents augmentent, plus les accidents peuvent être graves.

M. **J. K. BRUNEL** (1). « Le principe atmosphérique permettra de faire des convois moins pesants et d'en expédier à des intervalles plus rapprochés ; il y a un grand avantage à transporter juste la charge pour laquelle la machine est faite.

« Sur le Great-Western, en sus du temps alloué pour rester dans chaque station, on perd 5 minutes par chaque arrêt, temps perdu principalement pour mettre la locomotive en train. Avec le système atmosphérique, ce temps perdu ne serait que d'une minute et demie, parce que le poids à mettre en mouvement est beaucoup moins considérable et que la puissance tractive est au moins aussi grande, si elle ne l'est pas davantage.

« Quant à la vitesse qu'on peut atteindre, il n'y a pas de limite particulière, soit avec le système atmosphérique, soit avec le système à locomotives ; mais je crois qu'on peut obtenir bien plus aisément et plus sûrement une grande vitesse sur une ligne atmosphérique que sur une ligne à locomotives.

« On satisfera bien mieux les besoins du public à cause des départs répétés et du comfort qu'on lui offrira.

« Avec le système atmosphérique, on évitera les délais et retards survenant en hiver et causés par les temps gras qui empêchent la locomotive d'adhérer sur les rails. Il sera bien plus facile d'entretenir la voie en bon état, et je pense que l'exploitation d'un railway atmosphérique sera aussi supérieure à celle d'une ligne à locomotives que celle-ci l'est à une de nos anciennes routes. Les machines et les rails peuvent être tenus en parfait état de service ; la manière de voyager sera plus parfaite, plus régulière, plus rapide et beaucoup plus sûre.

« Une seule voie n'est pas du tout sûre avec des locomotives ; tandis que si tout est bien disposé sur une seule voie atmosphérique, elle présente plus de sûreté que la ligne à locomotive à

---

(1) *Parliamentary reports on atmospheric railways*. **London, 1844, 1845.**

double voie. On peut s'arranger de manière à ce que la négligence ne puisse pas produire de collisions aux points de croisement. Avec certaines dispositions, rien ne dépendra de la négligence des gens de service; les croisements peuvent être disposés de manière à ce qu'il soit impossible à deux trains de se rencontrer. »

M. **JOSHUA FIELD.** « Je n'ai pas la moindre raison de douter du succès du système atmosphérique, comme invention mécanique. Il donnera une vitesse égale, sinon plus grande, que le système à locomotives.

« Un des avantages de ce système est la rapidité avec laquelle, du repos absolu, le convoi part; la mise en train et les temps d'arrêt exigent bien moins de parcours qu'avec les locomotives; c'est ce qui fera gagner beaucoup de temps dans les arrêts et dans les départs.

« Mon opinion est qu'un convoi atmosphérique peut s'arrêter plusieurs fois sur une ligne pour prendre des voyageurs, et aller aussi vite qu'un convoi à locomotives qui ne s'arrêterait pas. »

M. **J. SAMUDA.** « A l'égard de la sûreté dans ce système, aucune machine ne marche avec les convois et, par conséquent, on évite totalement les dérangements et les accidents que peut occasionner la présence de la locomotive. Le wagon conducteur est poussé par la puissance motrice appliquée au piston qui est à l'intérieur du tube ; et, comme ce moteur est constamment appliqué par l'extraction de l'air dans la direction du mouvement du piston, il existe une influence directrice exercée sur le train par le piston à l'intérieur du tube, à la place d'une influence perturbatrice causée par l'action des roues des essieux coudés de la machine. Cela permet de passer dans des courbes avec une plus grande somme de sécurité qu'avec une locomotive ; cela donne beaucoup plus de stabilité au train, et comme la puissance est transmise par une machine fixe, elle ne peut être donnée à la fois que dans une seule direction sur une même section ; il est donc impossible que deux trains puissent aller en sens inverse sur une même longueur de tubes. Ceci rend toute collision impossible, parce que l'on doit invariablement avoir une section de tubes libre, avant qu'un second train puisse s'y engager d'un côté ou de l'autre.

« Le système atmosphérique a aussi de grands avantages pour gravir de fortes pentes ; la raison en est que la locomotive doit employer sa puissance à se traîner d'abord, et de donner ce qui lui reste de force à la traction du convoi. Lorsque la locomotive traîne un convoi sur une voie plane, la traction par tonneau est par conséquent bien moins considérable que lorsqu'elle le traîne sur une pente ; mais en opérant cette traction sur une pente, la locomotive a nécessairement besoin d'une puissance additionnelle pour surmonter sa propre gravité, et n'est pas, par conséquent, préparée à donner au convoi le même degré de force qu'elle lui donnerait dans la plaine, et ce justement au moment où le convoi nécessiterait une plus grande somme de puissance pour le tirer. »

M. **B. D. GIBBONS**, ingénieur de la ligne locomotive de Dublin à Kingstown et de celle atmosphérique de Kingstown à Dalkey :

« Le système atmosphérique possède un avantage important sur son rival, c'est que la traction est directe, tandis que celle de la locomotive se produit par adhérence ; alors le mouvement d'oscillation produit par les deux cylindres de la locomotive donne à celle-ci une tendance au déraillement.

« On peut arrêter un convoi allant à raison de 40 à 50 milles (65 à 80 kilomètres) au moyen des freins, sur une distance de 150 à 200 yards, c'est-à-dire, ne parcourir que cette distance du moment où l'on met les freins jusqu'à celui du repos parfait.

« Un des traits les plus frappants du système atmosphérique est que quand les freins sont retirés et que la force motrice est en fonction, le train part avec un mouvement très rapide, du moins si on le compare au temps qu'une locomotive exige avant de pouvoir marcher à toute vapeur.

« Un convoi atmosphérique, dès son départ, acquiert toute sa vitesse ; je citerai un fait à l'appui, la dernière station sur la ligne à locomotives de Dublin à Kingstown est à environ à

1350 yards du terminus sur une pente de 13 pieds; la longueur de la ligne de Dalkey est de 3050 yards sur une pente de 71 pieds; notre meilleure locomotive est plus de temps à traîner le même poids sur ces 1350 yards que le convoi atmosphérique n'en met à le traîner sur 3050. Cela ne vient pas tant de la rapidité du convoi atmosphérique que de la facilité avec laquelle il se met en mouvement de suite et est de même arrêté.

« Ingénieur du chemin à locomotives de Dublin à Kingstown, et de celui atmosphérique de Kingstown à Dalkey, je puis assurer par axpérience qu'on peut obtenir plus de régularité sur ce dernier.

« Un des grands désagréments du système locomotif, est le bruit que fait la machine en lâchant la vapeur, et une particularité du système atmosphérique, c'est que les convois parcourent la ligne de Kingstown à Dalkey avec si peu de bruit, que les personnes du voisinage ne s'en aperçoivent pas.

« Ce système permet de voyager plus vite, à meilleur marché et plus sûrement que sur les autres chemins de fer, sans apporter avec lui les dangers d'incendie qui existent dans le parcours de la locomotive! »

Dans une lettre du 20 janvier 1845, adressée au président du conseil d'administration du chemin de fer atmosphérique de Londres à Portsmouth, M. Wilkinson, le même ingénieur, M. Gibbons s'exprime en ces termes :

« Je puis vous assurer en toute sincérité que le résultat de mes expériences incessantes ont eu pour objet de me confirmer dans toutes les opinions que j'ai émises sur le système atmosphérique devant les comités de la Chambre des communes, et de me convaincre complètement que ce système, soit pour de longues lignes, soit pour de courtes, sera trouvé le plus économique et le plus exempt d'irrégularités, comme il est incontestablement le système qui donne la plus grande vitesse et le plus de sécurité. Vous pouvez compter que ce que j'avance sera mis hors de question aussitôt que des expériences auront été faites sur une grande échelle, etc., etc. »

A l'occasion du bill du chemin de Londres à Portsmouth, un des membres du comité d'enquête demanda à M. Gibbons s'il pensait qu'avec une seule voie de tubes on pourrait desservir la ligne avec régularité. M. Gibbons répondit « qu'il ne voyait aucun inconvénient à n'avoir qu'une seule voie sur ce chemin de 78 milles, et il ajouta qu'une *double* voie de tubes sur un chemin de fer serait le comble de la perfection (*a double line on the atmospheric principle would be the acme of perfection in railway travelling.*) »

M. J. R. ROBINSON. «En comparant le système atmosphérique à celui locomotif, je pense que le premier doit présenter une plus grande somme d'avantages au public, qui demande comme première condition d'un bon système de transport la sûreté, l'exactitude, la vitesse et enfin le bon marché; le système atmosphérique doit lui donner tout cela, et en fait, pour ce qui a rapport à la sécurité, il est presque impossible de comparer un système à l'autre. »

M. **W. CUBITT.** (1) «La distance à laquelle se trouve le pouvoir moteur empêche qu'il y ait le moindre danger. Il en serait autrement si l'on faisait usage de cordages. Ce qui pourrait arriver de pire, c'est que les trains fussent arrêtés.

« Le mécanicien peut, toutes les fois qu'il le veut, arrêter le convoi au moyen de freins, et en outre, on peut encore les arrêter, en faisant pénétrer l'air en avant du piston.

« La propulsion atmosphérique a le grand avantage de ne point avoir de machine lourde accompagnant les trains.

« Je suis positivement d'opinion que l'on peut acquérir et maintenir de plus grandes vitesses avec le système atmosphérique qu'avec celui à locomotives. »

M. **MALLET**, inspecteur divisionnaire des ponts-et-chaussées. « Le système atmosphérique n'admettant pas de locomotives, est exempt des dangers auxquels elles donnent lieu. Il a sans doute

---

(1) Rapport déjà cité.

quelque importance aujourd'hui ; le 8 mai 1842, il en aurait eu bien davantage.

« Sur un chemin de fer atmosphérique, il n'y a point de déraillement possible, ou du moins, si un wagon déraille, aucun accident n'en peut résulter ; d'abord, le wagon directeur, attaché rigidement à un tuyau qu'on peut regarder comme immobile, vu son poids et ses attaches, ne peut dérailler ; ceux qui le suivent et qui sont serrés les uns contre les autres dérailleront d'autant plus difficilement. »

M. TEISSERENC. (1) « Au point de vue de la vitesse, l'avantage qu'il y aurait à employer la propulsion atmosphérique ressort de l'explication même du principe sur lequel le système repose. our augmenter la célérité de sa marche, il suffit d'agrandir le diamètre du cylindre de la pompe pneumatique. Avec les locotives, on ne peut utilement dépasser les vitesses de 60 à 70 kiomètres à l'heure ; à ce point, déjà les remorqueurs ne traînent plus que des charges insignifiantes.

« Au point de vue de la sécurité, il est facile de démontrer que le système atmosphérique remédie à toutes les causes principales d'accidents sur les chemins de fer en usage aujourd'hui. Quelles sont, en effet, ces causes ? Les collisions entre les trains, la sortie de la voie, la rupture des essieux des locomotives, es éboulements dans les grandes tranchées, les incendies. Avec l'appareil atmosphérique, pas de collisions, pas d'incendies, pas de ruptures d'essieux ; la voie, modelée sur le niveau naturel du sol, ne nécessite pas de grands mouvements de terre ; le train, tenu par un point fixe, ne peut guère quitter les rails.

« On s'est demandé si, remédiant à des inconvénients connus, il n'apporterait pas avec lui des dangers que nous ne soupçonnons pas aujourd'hui ; on a dit que le tube pouvait se rompre, une soupape se déchirer. Qu'arriverait-il en pareille circonstance ? Que deviendrait le convoi abandonné sans moteur au milieu des rails ?

(1) Rapport déjà cité.

« J'avoue que ces deux dernières objections me touchent peu. Un tube qui n'est soumis à aucun effort peut-il se rompre? C'est fort douteux. Si, par une circonstance quelconque, un tube se rompait, on en serait quitte pour le remplacer; le garde de la voie serait de suite averti par le sifflement très aigu que produit la rentrée de l'air. »

(1) M. E. VUIGNIER, ingénieur civil. « Sous le rapport de la sécurité, le plus important de tous, le système atmosphérique présente des avantages notables. Ainsi, il n'y a pas de collisions possibles, car deux convois ne peuvent pas être engagés à la fois sur le même tube; il n'y a pas d'incendie à craindre, puisque toutes les machines sont en dehors de la voie. Le déraillement d'un wagon ne pourrait déterminer aucun accident, car ne pouvant s'écarter ni à droite, ni à gauche, ses roues ne feraient que labourer le sol à côté des rails, et il n'en résulterait qu'un retard de quelques minutes dans la marche du convoi.

« En supposant un tube brisé, le temps d'enlever la partie détériorée et de la remplacer par une partie neuve sera beaucoup moindre que celui nécessité par l'enlèvement des débris d'une locomotive et de wagons brisés dans une rencontre. Voilà deux ans que la ligne de Dalkey à Kingstwon est en exploitation, et aucun accident de ce genre n'est arrivé pour interrompre le service, et tous les ingénieurs s'accordent à dire que ce chemin est dans de très mauvaises conditions de tracé. »

D'après tout ce que nous voyons, il y a surabondance d'opinions bien arrêtées quant aux avantages du système atmosphérique sur celui à locomotives, relativement à une plus grande vitesse, à une sécurité complète, et à la plus grande somme de comfort à donner aux voyageurs.

Voyons maintenant les objections présentées par M. R. Ste-

---

(1) Mémoire relatif à l'établissement du chemin de fer de Paris à Strasbourg, dans le système atmosphérique ou dans un système mixte de locomotion. Paris, imprimerie Lacombe, 1844.

phenson : sa haute position, comme ingénieur en Angleterre, leur a donné du poids auprès de certaines personnes. Nous laisserons de côté la question commerciale, qui est cependant le point sur lequel cet ingénieur insiste davantage ; nous y reviendrons plus loin.

M. STEPHENSON soutient qu'on ne peut desservir une longue ligne avec un système aussi peu flexible que le système atmosphérique, dans lequel l'opération efficace de l'ensemble dépend seulement de l'exécution parfaite de chacune des sections individuelles du mécanisme. Sur ce point, il est en complet désaccord avec MM. Brunel, Cubitt, Vignoles et autres ingénieurs que nous avons cités.

Il prétend qu'une seule voie de tubes ne peut servir à un trafic étendu, et que des collisions pourraient être possibles aux points de croisement. M. Brunel a complètement satisfait le comité de la Chambre des communes sur le premier point, et prouvé que l'on pouvait non-seulement desservir le plus grand trafic, mais encore faire circuler sur la voie des convois de poste à une plus grande vitesse que les convois ordinaires. Il est peu probable qu'avec un système qui permet de transporter les voyageurs à un minimum raisonnable de vitesse de 72 à 80 kilom. à l'heure, il soit nécessaire d'avoir des trains spéciaux pour la poste.

M. Mallet, dans son rapport, démontre qu'avec une vitesse de 60 kilom. à l'heure, on peut satisfaire à une circulation telle, qu'il ne s'en rencontre nulle part.

On dit, mais si un accident arrive sur votre voie unique, la circulation est interrompue ; avec les deux voies à locomotives, si l'une des deux est embarrassée, on se met sur l'autre. Je ne me dissimule pas la gravité de cette objection ; je ne la détruis pas, mais je l'atténue en disant que plusieurs des accidents qui arrivent sur les chemins à locomotives n'auront pas lieu avec le système atmosphérique : point de rencontre de trains, point de déraillement probable. D'où proviendrait donc l'accident ? De la malveillance ? Mais dans ce cas, les chemins à locomotives ont le même inconvénient que les chemins atmosphériques ; on coupera aussi bien deux voies qu'une seule. Je ne vois d'arrêt que par la rupture d'un essieu ou d'une roue ; mais ces cas ne se présentent guères. La voie serait d'ailleurs promptement débarrassée du wagon hors de service. Il y aurait un temps d'arrêt, sans doute, je n'en disconviens pas; il y en a aussi quelquefois sur les chemins à locomotives, malgré leurs deux voies.

Quant aux machines à vapeur et aux appareils pneumatiques, on peut les disposer de telle sorte qu'il n'y ait à craindre aucun dérangement pouvant entraîner une interruption de service.

« M. Stephenson (1) au fond, admet que le système atmosphérique est presque aussi parfait pour la sûreté que le système locomotif; mais, il dit que les arrêts, du moins les arrêts intermédiaires, sont des inconvénients; de là, il conclut à la probabilité du danger; il est en désaccord complet avec les autres ingénieurs. Il suppose, en parlant des arrêts, que la vitesse à laquelle marche le train le précipite de la ligne régulière des rails, dans les gares d'évitement, sans faire attention que les deux gares sont disposées pour les trains qui arrivent dans des directions opposées. Il prétend qu'il est possible que le train qui vient de Londres se précipite dans la même gare que le train qui s'y rend, et qu'une collision peut avoir lieu dans les gares d'évitement. D'abord, il faut observer que les aiguilles sont à demeure. Quand on lui a fait cette observation, il a répondu que rien n'était si dangereux que des aiguilles à demeure ; je n'ai pas pu comprendre comment on pouvait ici appliquer ce terme d'aiguilles qui ne s'emploie que pour des rails mobiles, puisque les aiguilles dont il s'agit sont des rails fixes. Les aiguilles ordinaires dépendent du soin que les personnes qui en sont chargées mettent à les placer dans la direction convenable, et de l'attention ou de la négligence des surveillants. Mais les aiguilles à demeure sont

---

(1) *Parliamentary reports.* — **Réfutation du rapport de M. Stephenson par M. Alexander.**

des rails fixes, et à moins que les rebords des roues ne se brisent ou ne suivent pas la direction que les rails impriment nécessairement à la voiture au moyen des rebords des roues, agissant sur les côtés des rails, il n'est pas possible que les trains entrent dans la voie où ils ne doivent pas pénétrer. Il se peut bien que le rebord de la roue vienne à casser et que la voiture passe par-dessus le rail et se dirige sur la gare qui est disposée pour l'autre voiture ; mais c'est une possibilité si éloignée que l'on pourrait tout aussi bien prévoir que les rails se briseront au milieu de la marche du train, ou supposer tout autre accident, qui est sans doute possible, mais qui est fort peu probable.

« M. Stephenson admet lui-même que le railway atmosphérique est plus confortable pour les voyageurs et qu'il y a moins de dangers de déraillement parce qu'il adhère à l'intérieur du tube par le piston. Il convient que cela doit être un grand avantage pour le chemin de fer atmosphérique sur le système rival. M. Stephenson ne s'est sans doute pas aperçu, en parlant sur ce sujet d'une manière si positive, qu'on pouvait introduire des perfectionnements auxquels lui-même n'est pas préparé. Le système atmosphérique est, après tout, comparativement dans son enfance, on peut y apporter beaucoup de perfectionnements ainsi que cela a eu lieu pour la locomotive. En 1825, on demandait au père de M. Stephenson s'il pouvait construire une locomotive capable de tirer 30 tonnes à raison de 12 4/5 kilomètres à l'heure. Quels perfectionnements n'a-t-on pas fait depuis ? Il peut tout aussi bien en être de même pour le système atmosphérique.

« Arrivons au taux de la vitesse : le système atmosphérique, quoique dans son enfance, est égal dès à présent, ainsi que l'admet M. Stephenson, sous le rapport de la vitesse et du pouvoir, au système des locomotives. M. Stephenson dit seulement que les frais sont plus grands. J'opposerai à sa déposition sur ce chapitre la déposition pratique de M. Gibbons, qui administre une ligne exploitée par les deux systèmes, et, par conséquent, qui a la meilleure occasion de juger des dépenses comparatives des deux forces ; nous y reviendrons plus loin.

« Vient ensuite le pouvoir pour arrêter : M. Brunel nous a déduit les raisons qui lui font croire que le moyen d'arrêter est tout-à-fait égal à celui des locomotives ; le train n'a pas ici à surmonter la force acquise de la locomotive et du tender, et tous les ingénieurs admettent, y compris M. Stephenson, que la force acquise du train est la plus grande difficulté qu'on ait à vaincre pour arrêter. Il y a divergence d'opinion sur l'effet du renversement de la marche de la locomotive ; le principe établi sur le Great-Western est de ne jamais renverser la marche ; on trouve que les freins sont suffisants. Mais, dans tous les cas, M. Stephenson reconnaît que, si les freins étaient insuffisants, on pourrait adapter une soupape dans le piston. Sans doute, le pouvoir de traction étant détruit, la force acquise cesserait, et la force acquise du train serait moins difficile à vaincre, quand il n'y a pas en outre celle de la locomotive et du tender. L'opinion de M. Brunel est que la force motrice est supérieure à celle de la locomotive ; mais qu'avec l'assistance de la soupape on peut facilement l'arrêter.

« Il est évident qu'un train atmosphérique étant plus léger et ayant moins de force acquise à vaincre, il est moins nécessaire d'y appliquer une grande force pour l'arrêter. Il est donc très probable, ainsi que l'ont déclaré MM. Brunel, Cubitt, Samuda, Gibbons, etc. qu'on peut arrêter le train en aussi peu de temps, même plus promptement et aussi facilement, qu'avec une locomotive. Le rapport de M. Stephenson lui-même prouve combien il est facile d'arrêter avec ce système ; c'est une chose curieuse que de voir la manière dont les conducteurs du chemin de Blacwall arrêtent à cinq ou six pouces des tampons, sans qu'il survienne aucun accident ; c'est qu'ils ont acquis l'expérience du service.

« M. Stephenson prend ensuite à partie l'accumulation d'attraction des forces pendant les arrêts, et il dit que les freins ne sont pas assez puissants pour arrêter, parce que l'attraction s'accumule. La force attractive ne s'accumule pas d'une manière considérable ; elle ne peut pas dépasser le maximum du vide indiqué par le baromètre. M. Stephenson ne reconnaît pas l'avantage qui résulte de cette accumulation de puissance. Du moment où l'on ôte les freins, le train va d'un état de repos à un état de mouvement, dont le degré de vitesse est plus grand que celui des locomotives qui se remettent en marche. N'est-il pas évident que les opinions de MM. Brunel et Cubitt, sur ce sujet, sont exactes ; n'est-il pas évident que ce système est surtout applicable à une ligne où il y a de fréquents points d'arrêt ? Tout le monde connaît le désavantage qui provient des stations intermédiaires, parce qu'il se passe du temps avant que la locomotive arrive du repos à une grande vitesse ; souvent elle ne peut parvenir à son maximum qu'au moment même où elle est obligée de nouveau de ralentir sa marche à une autre station, d'où il résulte de grands délais. Ici, au contraire, on part avec une puissance qui a déjà tout son développement. Il me semble manifeste que, bien loin de n'être applicable qu'à une ligne où il y a seulement des stations principales, ce système peut s'appliquer d'une manière toute particulière à celle où il y a de fréquents arrêts intermédiaires.

« Je citerai le passage suivant du rapport de M. Stephenson :

« A l'égard de la sûreté du système atmosphérique, il ne peut y avoir divergence d'opinion ; on peut dire qu'elle est presque parfaite, puisqu'il n'est pas possible qu'il y ait de collisions, en adoptant un double tube, tandis qu'avec les locomotives faisant marcher les trains indépendants, la collision est certainement possible. » J'ai cherché à démontrer qu'une collision n'est pas probable, même avec un seul tube ; néanmoins, M. Stephenson admet qu'avec un double tube toute collision est impossible, ce qui ne l'est pas sur une double voie à locomotives.

« Il y a un point sur lequel M. Stephenson a appuyé, c'est la difficulté de réparer un accident qui pourrait arriver, et l'avantage d'être à même d'envoyer une locomotive de secours pour enlever les débris qui pourraient se trouver sur la route, afin de rétablir la circulation, M. Stephenson aurait dû se rappeler que les sections et longueurs de tubes n'ont qu'environ trois milles ; en supposant qu'il arrive un accident à un seul endroit, on pourrait se servir de toutes les autres sections de tubes pour envoyer du secours jusqu'à un point très rapproché du lieu de l'accident, de plus, la possibilité de ces accidents est bien diminuée par l'emploi du système atmosphérique.»

QUESTION COMMERCIALE.

Nous voici arrivés à la question la plus importante et dont la solution devra déterminer l'adoption en grand du système atmosphérique, soit seul, soit comme aide au système locomotif, ou bien à ne l'employer que dans des cas particuliers, en remplacement du système à câbles, sur les plans inclinés.

Nous allons encore avoir recours aux dernières publications déjà citées: MM. Stephenson et Locke (1) ont cherché à démontrer au comité de la Chambre des communes que le système atmosphérique n'était pas un mode économique pour transmettre la force motrice et ont déclaré qu'il était inférieur à cet égard aux locomotives et aux machines stationnaires avec cordages, admettant toutefois sa supériorité pour de courtes lignes avec une grande affluence de voyageurs. M. R. Stephenson prétend aussi que, dans la majorité des cas, il ne produirait pas d'économie dans la construction primitive de la voie et dans d'autres augmenterait matériellement les frais d'établissement. M. Stephenson est encore en opposition à cet égard avec MM. Brunel, Cubitt, etc.

M. **B. D. GIBBONS**, ingénieur de deux lignes, l'une à lo-

(1) *Parliamentary reports*, 1844, 1845.

comotive et l'autre atmosphérique, est plus apte que qui que ce soit, jusqu'à présent, pour établir d'une manière précise les frais d'exploitation comparés dans les deux systèmes.

Voici comment il s'expliquait dans l'enquête de 1844 :

« Le chemin de Kingstown à Dalkey parcourt 2808 mètres avec une pente de près de 22 mètres en moins de temps que n'en met la meilleure locomotive à franchir une distance de 1203 mètres sur une rampe de près de quatre mètres ; pour ces deux trajets, la consommation du combustible est un peu en faveur du système atmosphérique,

« Les frais du matériel de traction sur la ligne à locomotives sont de.......................... 11 pence par train et par

« L'entretien de la voie.......... 3 » » [mille.

14 pence.

« Et sur la ligne atmosphérique... 7. 1/10e »

« L'entretien de la voie.......... 1. 4/10e »

8. 4/10e pence.

« L'entretien de la voie atmosphérique se compose des hommes qui veillent à la soupape et à la route et du mastic dont on se sert pour le tube propulseur ; puis une certaine somme portée pour les cuirs à piston.

« Il y a donc une différence pour les frais de traction de 3.9/10e pence en faveur de la ligne atmosphérique, et la dépense serait moins forte pour un long parcours ; on pourrait desservir quatre milles au lieu de 1 3/4 mille sans augmentation proportionnelle dans les frais (2). »

Dans l'enquête de 1845, M. B. D. Gibbons s'exprime ainsi :

« Le coût de traction sur la ligne à locomotives de Dublin à

---

(2) Nous verrons plus loin que les frais d'exploitation sur le chemin de Croydon sont de 22 p. 100 moindres que lorsque cette ligne est exploitée par des locomotives.

Kingstown a été pour 1844 de... 10 88/100ᵉ par train et par mille.
« Sur celle atmosphérique de
Kingstown à Dalkey............ 7 8/100ᵉ » »

Différence.... 3 80/100ᵉ pence.

« Une ligne atmosphérique bien dirigée et plus longue doit exploiter à 30 p. 100 au-dessous de ce prix.»

M. **F. G. BERGIN**, directeur des chemins de fer de Dublin à Kingstown et de Kingstown à Dalkey, déclare dans l'enquête que les dépenses sur une longue ligne atmosphérique doivent varier entre 6 et 7 pence par train et par mille.

M. **J. K. BRUNEL** (1) : « Je ne puis encore préciser le coût comparatif de l'exploitation des deux systèmes, mais je ne vois aucune raison pour me faire penser que le *moteur qu'on obtiendra d'ailleurs à meilleur marché et qui n'est pas employé d'une manière désavantageuse ne sera pas au moins aussi bon que la puissance locomotive qu'on obtient d'abord d'une manière coûteuse et qui n'est pas ensuite employée de la meilleure manière;* c'est pourquoi je crois que dans les circonstances ordinaires, il doit moins en coûter pour la traction d'un train avec le système atmosphérique qu'avec des locomotives.

« J'ai été porté à recommander l'adoption du système atmosphérique par l'opinion que j'ai été à même de me former que l'exploitation en serait moins dispendieuse. Dans les calculs que j'ai établis pour le chemin du South-Devon, j'ai trouvé qu'une seule voie atmosphérique avec le moteur suffisant coûterait moins qu'une double voie à locomotives sans moteur; nous pourrons épargner quelque chose et gagner le moteur, par-dessus le marché.

« L'avantage du système atmosphérique est dans la multiplicité des trains, d'avoir des voitures d'une meilleure construction et marchant sans dangers à de plus grandes vitesses, et

(1) On verra plus loin que ce que M. Brunel avançait en 1845 a été réalisé en 1846, sur le chemin de Croydon.

enfin d'obtenir d'autres résultats qu'on ne peut calculer; il y a bien certainement des avantages, sous le rapport de l'économie pour les frais de construction et d'exploitation.»

M. **C. VIGNOLES** : «Dans presque toutes les circonstances, je pense que les dépenses pour la construction d'une simple voie atmosphérique seront moindres que pour une double voie à locomotives, lorsque vous ajoutez le prix du moteur et tout ce qui en dépend à celui du railway.

« L'exploitation atmosphérique produire plus d'économie que celle avec locomotives. »

M. **J. SAMUDA** : « Sous le rapport de la construction, la dépense d'une ligne atmosphérique sera dans tous les cas moindre que pour une ligne à locomotives; la différence variera suivant la nature des localités à traverser. Une fois les travaux d'art faits, voici la dépense comparée des deux systèmes :

Double voie à locomotives, ballast, rails de 70 et coussinets	6000 liv. st.
Locomotives, 1 par mille	1700
Ateliers, outils, coke, eau, stations et pompes	1300
Sans télégraphe électrique, par mille	9000 liv. st.
Simple voie atmosp., tubes 15 pouces placés	4300 liv. st.
Rails de 40 livres	2300
Machines et pompes pneumatiques	1700
Télégraphe électrique	200
Avec télégraphe électrique, par mille	8500 liv. st.

« Les 9000 liv. sterl. pour le système lomotif sont établies d'après les données fournies par MM, Brunel et Cubitt, indédépendamment des travaux d'art.

« Avec le système atmosphérique, les ponts n'ont pas besoin à beaucoup près d'autant de solidité que pour celui à locomotives et n'ont pas besoin d'être aussi élevés. Dans les pays accidentés on pourra épargner beaucoup de dépenses, puisque le système atmosphérique permet des pentes plus fortes et des courbes plus petites; on aurait par conséquent moins de travaux à exécuter.

« On compare une seule voie atmosphérique avec une double voie à locomotives, parce qu'avec elle on a les moyens de desservir un mouvement de voyageurs et de marchandises aussi considérable qu'on peut le prévoir; admettant même que ce mouvement devînt tellement important qu'une double voie fut jugée nécessaire, la compagnie serait alors dans une position trop prospère pour regarder à cette dépense.

« Les frais d'entretien de la voie sont peu considérables, et l'usure des rails est presque nulle. »

Dans le coût comparatif des deux systèmes donné plus haut, M. Samuda porte 4300 livres sterling par mille pour l'appareil atmosphérique; voici les prix contractés par les directeurs du chemin de Croydon, montant seulement à 3700 liv. st.

Les tubes, livrés sur les terrains de la compagnie, planés, tournés, forés, complets à 7 liv. 10 sh. la tonne, soit 265 à 270 tubes par mille, ou 270 tonnes................ liv. st.	2092
Soupape continue et attaches prêtes à être placées à 13 liv. 10 sh. par chain (la chain égale 22 yards)......	1080
Pour fixer la soupape et préparer le tube à la recevoir, 1 liv. 10 sh. par chain............................	120
Composition de cire et de graisse pour garnir la soupape	168
Pose des tubes, joints, etc., liv. st. 3 par chain......	240
Livres sterling.....	3700

« Dans le système locomotif, chaque train est obligé de charrier des locomotives représentant un minimum de poids de 20 à 25 tonnes, et cela sans aucun bénéfice; sur une ligne atmosphérique, ce serait autant de plus que les compagnies bénéficieraient sur les transports.

M. **MALLET**, dans sa notice sur le chemin de Dalkey, comparant une double voie à locomotives avec une seule dans le système atmosphérique, trouve 15 % de moins dans les frais d'établissement en faveur de cette dernière. Mais dans le devis qu'il donne du chemin de fer à locomotives, il prend le relevé des dépenses des chemins de Rouen, d'Orléans et de Nismes, sans y comprendre pour le premier, 4 ponts sur la Seine, et pour le troisième, le viaduc de Nismes. Pour Rouen, ne sont pas compris les tunnels qui ont coûté 5,640,000 francs, ce qui fait 40,000 fr. par kilomètre.

M. Mallet conclut, d'après les calculs dont il donne le détail, que sous le rapport du transport des voyageurs, le chemin atmosphérique donnerait lieu à une économie de 40 p. 100 sur le prix actuel payé pour les locomotives, et seulement de 20 p. 100 pour le transport des marchandises. (Pour les dépenses d'exploitation du système locomotif, cet ingénieur s'est servi du chiffre de fr. 1 10, accordé par la compagnie du chemin de fer de Rouen, pour chaque locomotive parcourant un kilomètre et menant 12 voitures ou 60 tonneaux pour les convois de voyageurs, et 25 wagons ou 100 tonneaux de poids nets pour ceux de marchandises.) Il ajoute :

« En admettant l'égalité dans les dépenses d'établissement, le système atmosphérique a sur celui de la traction par locomotives un avantage incontestable sous le rapport de l'exploitation; j'ai cherché à apprécier cet avantage, mais il était évident par lui-même, puisqu'on n'aurait plus à mouvoir ces masses énormes, la locomotive et le tender, qui forment souvent le tiers, quelquefois la moitié du poids du convoi; masses dont le mouvement sur des pentes absorbe toute la force produite.»

M. E. **TEISSERENC**, (1) — DÉPENSES DE PREMIÈRE EXÉCUTION.

« Les collisions étant impossibles dans ce système, puisque deux trains ne peuvent jamais se trouver simultanément sous la sphère d'action d'une même machine aspirante, les chemins mûs par la pression atmosphérique devraient toujours être exécutés à simple voie.

(1) Mémoire au ministre des travaux publics, déjà cité.

« Ainsi, toutes choses égales d'ailleurs, l'établissement du lit de la voie coûterait 40 pour 100 meilleur marché qu'il ne coûte dans le système en usage aujourd'hui. Il y aurait encore plusieurs économies à réaliser sur les ponts au-dessus du railway, dont la hauteur, dans certains cas, pourrait être diminuée, puisqu'elle ne serait plus réglée par l'élévation de la cheminée des locomotives.

« La voie en fer proprement dite resterait ce qu'elle est aujourd'hui, à une petite différence dans le poids des rails et des coussinets près ; elle coûterait donc environ la moitié de ce que nous payons pour nos doubles voies.

« Le matériel des voitures et wagons n'ayant plus à redouter les secousses et les chocs auxquels il est exposé quand on emploie des locomotives, serait exécuté sur des proportions moins massives. On réaliserait donc, de ce chef, une légère économie en même temps que l'on établirait entre le poids utile et le poids brut des trains une proportion plus avantageuse.

« A la place de la dépense d'acquisition des locomotives et tenders qui représente aujourd'hui 15 à 20,000 francs par kilomètre, il faudrait placer de distance en distance des machines fixes agissant sur un tuyau placé entre les rails.

« La dépense totale du tube et de l'appareil pneumatique, avec accessoires, peut être évaluée à 100,000 fr. environ par kilom.

« Prenant ces diverses remarques en considération, et partant des bases généralement admises chez nous pour la moyenne du prix d'établissement des chemins de fer, on peut faire le rapprochement suivant :

DES DIVERSES PARTIES DE LA VOIE.	PRIX DE REVIENT DU KIL. COURANT.	
Terrains.	36,000 f.	24,000 f.
Terrassements, travaux d'art et station.	175,000	115,000
Voie proprement dite.	98,000	50,000
Voitures wagons.	20,000	18,000
Pouvoir moteur.	15,000	100,000
Total.	344,000	307,000

Soit 344,000 fr. le kilomètre courant pour le système à locomotives, et 307,000 fr. pour celui atmosphérique.

« Ainsi la différence dans le prix de premier établissement serait peu considérable si l'on devait construire le chemin de fer atmosphérique d'après les mêmes règles que les railways ordinaires ; mais en fait cette nécessité n'existe pas ; tout au contraire, le système atmosphérique admet les plus grandes vitesses sur toutes les pentes et permet dès-lors de suivre le plus souvent la surface naturelle du sol. Il ne donne donc lieu qu'à des frais de terrassement et de travaux d'art bien inférieurs à 115,000 fr. par kilomètre.

« Si le succès de ce système était complet et qu'il fut question de l'appliquer chez nous, nous n'aurions ni acquisitions de terrain, ni terrassements, ni travaux d'art à faire. Un des acottements de nos routes royales servirait très bien de lit à la voie, et dès lors les frais de premier établissement ne seraient plus que de 170,000 francs par kilomètre au lieu de 307,000 francs.

« Nos routes royales, déjà beaucoup trop larges, dépouillées de la majeure partie de leur circulation par les railways, ne perdraient rien à cette combinaison. Le pays y gagnerait une immense économie et l'avantage non moins grand de ne pas couper en tous sens de nouvelles propriétés, de ne pas troubler les existences acquises.

« Avec un tube de 18 pouces (45 centimètres 72) de diamètre et sous une pression barométrique de 18 pouces anglais, la force motrice applicable au convoi serait au moins de 854 livres, soit 357 kilog.

« Dès lors on pourrait traîner des trains de 72 tonnes sur niveau, de 23 tonnes sur les pentes de 3 centimètres, et 16 tonnes sur les pentes de 5 centimètres.

« Avec des machines fixes, placées de 4 en 4 kilomètres, et une vitesse de 48 kilomètres à l'heure, le passage de chaque train exigerait 10 minutes, savoir : pour faire le vide, 5 minutes ; pour traverser le tube, 5 minutes. On pourrait donc, sur un chemin en pente de 5 centimètres, porter, par 24 heures, plus de 2,000 tonnes, mouvement tout à fait exceptionnel par son importance.

« Il me paraît donc que les trains devraient être organisés pour les pentes de 5 centimètres et sans qu'il fût nécessaire d'augmenter la pression motrice au moyen de machines plus fortes ou de tubes plus larges, là où ces inclinaisons se rencontrent.

« Sur les parties de chemin moins inclinées ou de niveau, on marcherait sous une pression bien inférieure à 18 pouces anglais, ce qui n'aurait pas d'inconvénient, puisque les formules démontrent que le travail est d'autant plus économique dans cet appareil, qu'il s'effectue sous de moindres pressions.

« *Au point de vue des dépenses annuelles d'exploitation.* Ces dépenses sur les chemins de fer se divisent en deux classes.

« Les frais généraux ou dépenses indépendantes de l'activité de la circulation, dans lesquels on comprend les dépenses d'administration et de perception, les frais d'entretien de la voie, les frais de gares, etc.

« Les frais qui varient proportionnellement à l'activité de la circulation, dépense de combustible, d'entretien des voitures, de matériel, salaire de machinistes, objets de consommation.

« Les frais généraux me paraissent devoir rester à peu près les mêmes dans les deux systèmes. Dans le système atmosphérique, la voie sera moins fatiguée et demandera moins de réparation.

« Pour pouvoir comparer entre elles les dépenses de locomotion dans les deux systèmes, il faut connaître l'activité de la circulation de la ligne sur laquelle reposent les calculs. Si, en effet, les dépenses de combustible et de réparation des locomotives varient proportionnellement aux distances parcourues, les mêmes frais avec les machines fixes ne dépendent que du temps pendant lequel l'appareil est chauffé et ils décroissent relativement avec la quantité d'ouvrage effectué dans ce temps.

« Prenons un chemin de fer de 100 kilomètres de longueur et sur lequel 10 trains partent dans chaque sens, chargés de marchandises et de voyageurs. Les frais quotidiens de locomotive seront, en France, de 3,000 fr. environ.

« Si ce même chemin était disposé pour la propulsion atmosphérique, il serait mû par une force de 1060 chevaux, qui consommerait, par chaque jour de travail (16 heures), 67 tonnes de houille ou leur équivalent en bois, représentant un déboursé quotidien de 1500 fr., ajoutant 200 fr. pour frais de graissage et de réparation, 100 fr. pour salaire des machinistes et chauffeurs, 200 fr. pour réparations et renouvellement des pistons-voyageurs et frais imprévus, on formerait un total inférieur, dans tous les cas, aux dépenses quotidiennes des locomotives.

« Les dépenses de réparation des voitures et wagons restent, d'ailleurs, les mêmes dans l'un et l'autre système.

« Ainsi, le système atmosphérique paraît devoir offrir sur le système locomotif de notables économies, soit dans les dépenses de premier établissement, soit dans les dépenses annuelles d'exploitation. »

MACHINES FIXES.

Dans le système atmosphérique, avec les machines fixes, plus d'ateliers de réparations si dispendieux à outiller, plus autant d'ouvriers dont les salaires sont naturellement fort élevés. Les réparations de machines fixes sont, pour ainsi dire, insignifiantes, lorsqu'elles ont été construites par des mécaniciens capables.

On emploiera des machines à expansion relative aux charges que l'on aura à traîner. C'est un point important, car avec des machines locomotives, il est impossible d'obtenir l'avantage d'adopter la force motrice relative.

On peut disposer ces machines à vapeur et les pompes pneumatiques, de telle sorte qu'il n'y ait à craindre aucun dérangement pouvant entraîner une interruption de service. A chaque station ou plutôt à chaque distance où elles devront être, on aura deux machines jumelles d'une force sous-double de celle nécessaire et deux pompes à air au lieu d'une, comme on a fait sur les lignes de Londres à Epsom et sur la ligne du South-Devon. Il n'est guère probable que ces machines et ces pompes manquent à la fois. En admettant qu'un des appareils vînt à se déranger, l'autre appareil suffirait pour le service ; seulement, au lieu de faire le vide en cinq minutes, on le ferait en dix ou douze ; le convoi irait peut-être un peu moins vite, mais il n'en résulterait pas d'autre inconvénient.

Les frais d'entretien et de réparations de bonnes machines fixes sont presque nuls et ne peuvent en aucun point être comparés à ceux dans lesquels les locomotives entraînent ; une somme de 5 pour 100 du prix de revient suffira et au-delà pour couvrir les dépenses d'entretien d'huile, graisse, etc., nécessaires à leur marche.

M. **JOSHUA FIELD**, constructeur des machines fixes du chemin de fer à cordes de Londres à Blackwall, dit que depuis cinq ans qu'elles fonctionnent, elles n'ont pas nécessité une dépense de 50 liv. st.

Selon lui, les machines stationnaires d'un chemin de fer atmosphérique pourraient être utilement employées à moudre des grains, dessécher des marais, etc. M. Arago a émis la même opinion.

Nous transcrirons ici le rapport de la commission spéciale, nommée par la Chambre des communes, le 18 mars 1845, pour faire une enquête sur la valeur pratique du mode de propulsion atmosphérique dans son application aux chemins de fer.

« La commission spéciale (1) a examiné les questions qui lui ont été soumises et adopté le rapport qui suit :

« Votre commission a fixé toute son attention sur ce sujet si plein d'intérêt.

(1) *Parliamentary report*, 1845.

« La Chambre n'ignore pas qu'un chemin de fer suivant le système atmosphérique fonctionne entre Kingstown et Dalkey, en Irlande.

« Le premier soin de votre commission a été de faire une enquête complète sur les résultats de cette expérience. MM. Gibbons, Bergin et Vignoles, employés aux chemins de fer de Kingstown à Dublin et de Kingstown à Dalkey, ont fait devant la commission les dépositions les plus complètes et les plus sincères sur tous les points ressortant de leur administration. Votre commission a eu aussi l'avantage d'entendre le professeur Robinson, d'Armagh; ses connaissances scientifiques et ses lumières impriment à son témoignage une grande importance relativement aux avantages théoriques de l'invention dont-il s'agit.

« De ces dépositions, ainsi que de celle de M. Samuda, il résulte que la ligne de Dalkey est ouverte depuis dix-neuf mois ; qu'elle a fonctionné avec régularité et sûreté, malgré toutes les variations de la température, et que le petit nombre d'interruptions qui ont eu lieu provenaient plutôt de l'inexpérience des employés que d'un défaut matériel dans le système.

« La commission a reconnu qu'on a obtenu en outre de grandes vitesses avec des charges proportionnelles sur un plan incliné de 1 pied sur 115, pour un parcours dans lequel la puissance tractive est employée seulement pendant un mille un huitième.

« Ces résultats ont été réalisés dans des circonstances qui n'apportent aucune donnée d'où l'on puisse inférer ce qu'on devrait espérer ailleurs ; car, indépendamment des courbes de la ligne qui auraient été considérées comme difficiles, sinon impraticables avec des locomotives, il existe dans le mécanisme et dans l'appareil des défauts occasionnés en partie par les difficultés du terrain, en partie par des erreurs inséparables d'un premier essai. Ces difficultés diminuent beaucoup l'efficacité du moteur employé, et l'on s'est attaché à y porter remède dans les lignes aujourd'hui en cours d'exécution.

Ces faits sont importants ; ils constatent l'efficacité mécanique de la puissance atmosphérique pour transporter avec régularité, vitesse et sécurité le trafic sur une section de tube placée entre deux stations, et votre commission s'est depuis convaincue par les dépositions de MM. **BRUNEL, CUBITT** et **VIGNOLES** qu'il n'existe pas de difficulté mécanique qui s'oppose à ce que ce même système ne fonctionne régulièrement sur une ligne d'une longueur quelconque.

« Ce qui l'a encore confirmé dans cette opinion, ce sont les démarches que font les administrateurs de la ligne de Kingstown à Dalkey, actuellement en instance devant la Chambre pour prolonger leur ligne atmosphérique jusqu'à Bray.

« Outre les témoignages déjà mentionnés, la commission a eu l'avantage d'entendre les objections soulevées par MM. Nicholson, Stephenson et Locke contre l'adoption du principe atmosphérique, et l'exposé des motifs de la préférence qu'ils accordent aux locomotives maintenant en usage.

« La commission croit devoir signaler à la Chambre les dépositions importantes de ces ingénieurs. Entre ceux-ci et les autres témoins dont votre commission a déjà parlé, il existe une grande différence d'opinion sur l'appréciation des facultés actuelles du système atmosphérique et de ses perfectionnements futurs.

« Mais, sans entrer dans cette controverse, *votre commission n'hésite pas à déclarer qu'une ligne atmosphérique à une seule voie est supérieure à une ligne à double voie avec locomotive, sous le rapport de la sûreté et de la régularité*, attendu qu'elle rend les collisions impossibles, excepté aux endroits de croisement, et fait disparaître les dangers et les irrégularités résultant d'accidents auxquels sont sujets les locomotives et leurs tenders.

« On sentira toute l'importance de ces considérations en examinant le relevé officiel des accidents survenus depuis quinze mois, et que nous avons annexé au présent rapport. On y verra que, durant cette période, il y a eu quatorze collisions sur les railways et treize accidents de locomotives qui auraient tous été évités par le système atmosphérique. Par suite de ces accidents, onze personnes ont perdu la vie et quarante-cinq ont reçu des blessures graves. Les vingt autres accidents communs aux deux systèmes ont occasionné la mort de quatre personnes seulement et des blessures à deux personnes.

« Il y a certainement un cas où la locomotive a passé, avec tout son convoi, par-dessus des bestiaux couchés sur la voie ; mais si les locomotives, par leur poids, offrent quelque avantage pour surmonter certains obstacles, d'un autre côté elles exposent à un grand danger le mécanicien et le chauffeur qui doivent se tenir debout sur une plate-forme découverte.

« La commission désire aussi appeler l'attention de la Chambre sur une particularité du système atmosphérique dont les adversaires s'emparent pour prouver combien il est peu propre à servir utilement à un trafic irrégulier et de peu d'importance ; c'est que les dépenses de propulsion sont invariables et qu'on ne peut les réduire d'une manière notable, quelque peu considérable que soit le mouvement de voyageurs et de marchandises. C'est là sans doute une objection sérieuse au système atmosphérique sous le rapport de l'économie. Mais, d'un autre côté, comme les dépenses n'augmentent pas en raison de la fréquence des convois, il est de l'intérêt des compagnies adoptant le système atmosphérique d'augmenter leur trafic en multipliant les convois légers et à bas prix, ce qui est tout-à-fait à l'avantage du public.

« Sur un chemin de fer atmosphérique, le moteur est appliqué de la manière la plus économique quand on divise la charge en un nombre considérable de trains légers ; avec des locomotives, au contraire, la force s'applique le plus utilement par la concentration du trafic en un petit nombre de lourds convois.

« Le degré de vitesse auquel des convois d'un poids modéré peuvent être lancés sur une ligne atmosphérique, produit comparativement peu de différence dans les frais de transport, tandis que les frais de traction pour les convois avec locomotives augmentent rapidement avec la vitesse.

« Or, quand on considère que l'on abandonne à de grands monopoles l'organisation de toutes les artères de communication du royaume, et que c'est principalement le point de vue d'où ils envisagent leurs intérêts qui détermine les heures de départ, la vitesse et le prix des transports, il devient d'une haute importance, en faisant la comparaison des avantages offerts au public par des systèmes rivaux, de tenir compte, non pas tant de ce qu'ils peuvent faire respectivement, mais bien plutôt de ce qu'ils ne manqueront pas de faire dans leur propre intérêt.

« Les principales objections des adversaires du système atmosphérique semblent reposer : 1° sur l'augmentation supposée de dépenses qu'entraîne l'appareil atmosphérique, augmentation qui dépasse l'économie obtenue dans la construction de la route ; 2° sur les inconvénients et l'irrégularité d'une ligne à une seule voie.

« Quant au dernier point, la commission a cru de son devoir de diriger d'abord son attention sur la question de sécurité, et elle a déjà déclaré qu'il y a plus de sécurité dans une ligne à traction atmosphérique avec une seule voie que dans une ligne à deux voies avec locomotives.

« Elle fera en outre observer que la majorité des ingénieurs qu'elle a entendus est formellement d'avis qu'une circulation ordinaire peut être desservie avec régularité et exactitude par une ligne atmosphérique à une seule voie.

« M. Brunel a proposé de doubler la ligne là où les convois devront se rencontrer, et il a de plus démontré que dans un pays montagneux, avec de longs plans inclinés et une pente assez forte pour permettre aux convois de descendre par la seule gravité, on pourrait exécuter ce doublement de la voie sans faire la dépense du tube.

« Quant aux frais d'exploitation et à quelques autres points contestés, votre commission ne se croit pas compétente pour formuler une opinion.

« Il serait à peine possible de faire, dès à présent, une comparaison impartiale entre un système qui a grandi et s'est développé depuis quinze ans et un système encore dans l'enfance. Cette comparaison, après tout, serait bien incertaine ; elle exigerait des détails qui nous manquent et des connaissances scientifiques que nous ne possédons pas.

« Il est néanmoins des questions d'une importance pratique qui ont trait à la position actuelle des bills pour chemins de fer soumis à la Chambre, et sur lesquelles votre commission croit devoir faire quelques observations. Un doute a été élevé dans les rapports du *Board of Trade* sur la question de savoir si le système atmosphérique a été suffisamment éprouvé pour justifier la préférence d'une ligne qui ne pourrait être établie que dans le système atmosphérique, ou qui présente des pentes moins favorables qu'une ligne rivale pour l'emploi des locomotives.

« S'il était possible de suspendre toute loi de concession de chemin de fer jusqu'à ce qu'on connût le résultat des lignes atmosphériques de Devon à Cornouailles et d'Epsom à Croydon, peut-être serait-il plus convenable et plus prudent d'attendre ce résultat ; mais ceci, indépendamment des raisons d'utilité publique, est tout-à-fait impraticable. Votre commission ne craint donc pas de déclarer à la Chambre qu'en se décidant entre des lignes rivales, elle estime que celles qui ont été tracées, pour convenir au système atmosphérique, ne doivent être ni rejetées à cause de leurs pentes, qui seraient trop fortes pour les locomotives, ni comparées à d'autres lignes sous le rapport de la possibilité d'y employer des locomotives.

«Sans aucun doute, dans des affaires semblables, l'expérience peut seule décider le résultat définitif ; mais votre commission déclare qu'il y a d'amples preuves qui justifient, dès à présent, l'adoption d'une ligne atmosphérique. Tous les témoins que nous avons entendus s'accordent à reconnaître son succès mécanique. M. **BIDDER** dit : *Je considère comme résolu le problème mécanique de savoir si l'atmosphère peut être utilisée comme un agent efficace de traction. Ceci ne peut plus faire l'objet d'un doute, et l'appareil, autant que j'ai pu l'observer, fonctionne bien. La seule question à résoudre, selon moi, consiste dans son application commerciale.* »

« M. **STEPHENSON** *reconnaît que dans certaines circonstances de pentes et dans certaines circonstances de trafic, indépendamment des pentes, le système atmosphérique serait préférable.* »

« Votre commission, après avoir émis son opinion, qui est entièrement favorable aux avantages généraux du système atmosphérique, demeure convaincue que par l'expérience seule pourront être déterminées les conditions de trafic ou de localités qui motiveront la préférence à accorder à l'un ou à l'autre des deux systèmes. »

Londres, 22 avril 1845.

M. Shaw,
M. Bingham Baring,
Lord Harry Vane,
Sir Geo. Clerck,
M. Baring,
Le vicomte Mahon,
Sir Ch. Lemon,
M. Hawes,
Le vicomte Howick,
M. Hodgson Hinde,
M. Morrisson,
M. Packington,
M. Gibson Craig,
M. Lascelles,
M. Wyse.

DU SYSTÈME LOCOMOTIF.

Dans ce système, les locomotives, sortes d'êtres animés, marchent sans moteur apparent sur la voie de fer, et entraînent à leur suite les convois de voitures et de wagons.

L'emploi des locomotives exige des courbes à grands rayons (6 à 800 mètres de minimum), une surface plane, des travaux d'art importants, des souterrains, des viaducs, des déblais et des remblais considérables et fort dispendieux ; des rails de plus en plus forts, afin de supporter les locomotives dont on tend chaque jour à augmenter le poids pour leur donner plus de puissance.

Dans plusieurs des chemins de fer existant en France, il n'y a déjà que trop de courbes, et c'est un inconvénient grave.

Les dangers inévitables des courbes, dit M. **BINEAU**, dans son ouvrage sur les chemins de fer d'Angleterre, sont l'augmentation de résistance à la traction, l'usure des rails et surtout des roues, la chance de rupture des essieux et le déraillement.

M. **R. STEPHENSON** a remarqué que le rebord intérieur des roues éprouve un frottement considérable contre les rails, surtout dans le passage de la ligne droite à la ligne courbe. Ce frottement ne produit pas seulement un ralentissement sensible dans le mouvement de la machine et dans la rotation de l'essieu coudé des roues, il occasionne souvent la rupture de cet essieu et celle des roues qui, quittant alors les rails, exposent la voiture à verser.

Les locomotives, outre leur prix élevé, entraînent dans des dépenses considérables à cause de leur entretien ; chaque fois qu'on veut obtenir plus de vitesse, c'est un excédant de dépenses, et pour gagner quelques kilomètres, il faut perdre souvent la moitié de la puissance. Ce vice provient de la nécessité dans laquelle se trouve une locomotive, non-seulement de donner l'impulsion au convoi, mais encore de perdre une partie de sa puissance à se remorquer elle-même, ainsi que son tender. Une grande partie de sa puissance est ainsi dépensée en dehors du service, et cette perte, qui est considérablement augmentée lorsque le convoi rencontre une pente ascendante, prouve qu'il est un point où la force de traction ne suffirait plus pour mettre en mouvement la locomotive elle-même et son tender.

Sur les pentes, l'adhérence de la locomotive et son effet utile de traction diminuent avec une désolante rapidité. En admettant les nombres donnés par un ingénieur distingué, M. **BINEAU**, si, pour traîner un poids de 1,000 kilogrammes sur un rail horizontal, il suffit d'un poids de 2 kilogrammes 4 décagrammes, ce poids devra être doublé sur une pente 0,0024 dix millièmes, triplé sur pente de 0,0048 dix millièmes, etc.

Suivant M. **SÉGUIN**, il suffit d'une pente de 5 millimètres pour exiger une force motrice double.

C'est une lourde charge dans la construction d'un chemin de fer que d'avoir à employer des rails d'un aussi grands poids et d'une aussi grande force que ceux nécessités par les locomotives(1) ; en outre, il faut des fondations solides pour résister à ce poids total, à celui des machines qui sont successivement passées du poids de 18 à 20,000 kilogrammes, à 24 et 25,000 ; en Angleterre, aujourd'hui, on construit des locomotives de 50,000 kilogrammes.

La nécessité d'avoir un grand nombre de machines de relais pour conserver de la régularité dans la marche des convois est un sujet de grandes dépenses.

Dans le système locomotif, le dérangement des rails et la difficulté de maintenir la voie dans un ordre parfait proviennent, par suites de causes indirectes, de l'effet des locomotives, par suite de leur poids et de la manière dont elles agissent sur les rails.

Sur les chemins de fer à locomotives, les voyageurs ont presque toujours à souffrir d'un mouvement insupportable, celui de lacet, qui ne provient pas exactement de l'action alternative des pistons; il y a d'autres circonstances qui y contribuent, entre autres l'impossibilité d'entretenir constamment en bon état une voie sur laquelle circulent des locomotives; les roues tendent sans cesse à rejeter les rails en dehors; les chevilles qui tiennent les coussinets prennent du jeu dans les traverses, et la voie ne se trouve plus établie d'une manière rigide. Lorsque les voitures sont en mauvais état, elles contribuent aussi à augmenter le mouvement oscillatoire.

Le dommage occasionné sur un chemin de fer par une locomotive est cinq à six fois plus considérable que celui que l'on doit attribuer au convoi, et la traction se faisant par adhérence, le mouvement d'oscillation produit par les deux cylindres de la locomotive donne à celle-ci une tendance au déraillement.

---

(1) Il paraît que sur le chemin du Nord on va être obligé d'ajouter une nouvelle traverse sous chaque longueur de rails pour leur donner plus de stabilité; il est vrai qu'ils ne pèsent que 30 kil.; pour le chemin de Strasbourg, on a commandé des rails de 37 kil.

Une cause formidable de dangers dans le système locomotif est le bris de l'essieu de la machine, ou même celui de quelques-unes de ses parties les plus importantes ; le moteur est aussi terrible que puissant, et ne l'a que trop bien prouvé lors du funeste événement de la rive gauche.

Ce n'est pas sans un sentiment de crainte que l'on voyage aujourd'hui en Angleterre sur les chemins à grande vitesse. J'ai eu sous les yeux un tableau des accidents arrivés sur les chemins de fer des États-Unis d'Amérique ; ils sont presque nuls à une vitesse de 28 à 32 kilomètres à l'heure, mais ils augmentent dans une proportion effrayante, à mesure que la vitesse dépasse cette limite. La force de gravité qui entraîne une aussi grande masse ne peut être que très difficilement arrêtée, et dans le cas d'une culbute, le coke enflammé ne peut qu'accroître l'horreur d'une semblable catastrophe.

En fait, il est impossible de voyager, par les moyens humains, sans quelques chances de péril ; mais il y a une foule d'accidents inhérents au système locomotif, malgré les savantes recherches de tant d'habiles ingénieurs.

M. E. **TEISSERENC** a bien défini les défauts et les dangers des locomotives dans la comparaison qu'il fait des divers systèmes de traction sur les chemins de fer.

M. **CAUCHY**, membre de l'institut, s'exprimait ainsi ces jours derniers à l'Académie des Sciences :

« Je crois devoir signaler une conséquence importance des principes énoncés par la section de mécanique et rappelée par M. Séguier. Comme il a été dit dans le rapport, les conditions que l'on doit remplir pour diminuer les chances d'accident sont relatives, les unes à la vitesse, les autres à la masse. Le danger croît non-seulement avec la vitesse, mais encore avec la masse, et il en résulte qu'un convoi de 20 wagons remorqués par deux locomotives accouplées sera toujours avantageusement remplacé par deux convois convenablement espacés, dont chacun renferrait 10 wagons remorqués par une seule locomotive, Les faits viennent à l'appui de cette proposition malheureusement vérifiée par les catastrophes du 8 mai et du 8 juillet, qui, l'une et l'autre, ont coïncidé avec l'emploi de deux machines. »

Voici maintenant quelques observations adressées à l'Académie des Sciences, par M. **SÉGUIN** l'aîné, le principal inventeur des locomotives :

« J'ai écouté avec attention la discussion qui a eu lieu dans votre sein, relativement aux accidents qui se multiplient sur les chemins de fer. Il ne faut pas se dissimuler que la manière dont sont construits nos chemins de fer, la masse des locomotives, le grand nombre des voitures dont on compose les convois, et la vitesse excessive qu'on leur imprime, sont autant de causes de ces affreux accidents que l'on verra se renouveler tant que l'on n'aura pas coupé le mal dans sa racine.

« On sait que le frottement étant indépendant de la vitesse, lorsque la puissance de la machine dépasse la vitesse du convoi, la vitesse tend constamment à s'accroître, et il s'ensuit que le seul gage que l'on ait d'éviter les accidents dépend de l'attention soutenue que l'on suppose qu'aura le conducteur à veiller exactement à ce que la vitesse ne dépasse pas certaines limites. Or, lorsqu'il s'agit d'éviter le renouvellement d'accidents aussi terribles que ceux que nous déplorons, je ne puis vous dissimuler, Messieurs, combien je trouve peu rassurante la seule ressource que l'on ait, celle de s'en rapporter à l'intelligence et aux soins d'un conducteur qui tient, pour ainsi dire, au bout d'un fil délié, la vie de plusieurs centaines de personnes. »

Dans une note adressée à l'Académie des Sciences, M. **PIOBERT** s'exprime ainsi :

Plusieurs membres de la section de mécanique ont été à même de faire des observations qui prouvent que les wagons, placés au milieu d'un convoi ordinaire, sont soulevés quand on diminue la vitesse de la tête ; à plus forte raison, cet effet doit se présenter pour deux lourdes locomotives et des convois monstres qui ont des masses trois ou quatre fois plus grandes. Tout concourt à prouver que le déraillement est imminent dans les ralentissements trop brusques de la vitesse de la tête, et surtout avec des convois énormes à deux locomotives et 30 wagons, qui pèsent plus de 250,000 kilogrammes.

« L'Académie, dans sa séance du 3 mars, a appelé l'attention du gouvernement sur différentes questions relatives à la locomotion sur les chemins de fer, et en premier lieu sur la nécessité de faire constater dans quelles conditions on peut, avec une sécurité suffisante, faire voyager à grande vitesse des hommes renfermés dans de frêles wagons en contact avec des masses de 15 à 18,000 kilogrammes. Depuis quatre mois, on n'a pas cru devoir répondre à l'Académie ; mais le 4 juin dernier, on a dit à la tribune, je ne sais d'après quelles fausses indications, que pour faire les expériences indiquées par l'Académie, *il faudrait des sommes immenses* (*Moniteur*, p. 1664). C'est plutôt la triste expérience qu'on vient de faire à Fampoux qui coûtera des sommes immenses, et il serait fâcheux que, malgré toutes les recherches, cette expérience ne donnât, ainsi qu'on le dit, aucune lumière sur les causes des accidents, puisque ceux-ci devraient se reproduire, comme par le passé, en suivant les mêmes errements. »

CHEMIN ATMOSPHÉRIQUE DE CROYDON.

Ce chemin a été ouvert à la circulation dès le 1er mai, et il a été constaté par le comité des directeurs que les dépenses d'exploitation ont été de 9 pences par train et par mille, environ 22 pour 100 de moins que l'exploitation avec des locomotives. On croit même que les dépenses seront réduites à 6 pences par train et par mille, lorsqu'on aura mis tous les employés au courant du service, et corrigé beaucoup d'imperfections inhérentes à une exploitation nouvelle.

Malheureusement, on a été obligé de suspendre l'exploitation atmosphérique, reprise aujourd'hui ; les modifications que MM. Clegg et Samuda avaient apportées dans la soupape ayant complètement manqué leur but. D'un côté, l'intensité de la chaleur faisait fondre la composition destinée à fermer hermétiquement la soupape ; d'un autre, la substitution de bandes plates d'acier à la seconde lanière de cuir qui existe à la soupape de Dalkey, a donné lieu à un fait très grave qui oblige de refaire une nouvelle soupape semblable à celle d'Irlande. Toutes ces bandes d'acier ont été brisées, de telle sorte que les parties restantes et aigues se trouvaient en contact avec le cuir chaque fois que la soupape était soulevée par les galets, et qu'elles le coupaient de part en part dans beaucoup d'endroits ; de là, une rentrée d'air considérable.

Cette soupape est la seule qui ait été expérimentée en Angleterre, et est, sans contredit, supérieure à tant d'autres dont on a vu les specimen dans *Adelaïde Gallery ;* mais elle a contre elle d'être en cuir. Rigidement tenue d'un côté et obligée d'obéir à deux mouvements différents par les galets qui la soulèvent et lui impriment un mouvement ondulatoire comprimé par la roue qui doit peser dessus pour la refermer ; cette soupape, malgré qu'elle soit bordée de fer tant en dessus qu'en dessous, ne peut longtemps conserver une forme qui lui permette de boucher hermétiquement la rainure longitudinale du tube.

« M. **BIDDER** (1) avait parfaitement raison de dire que l'atmosphère pouvait être un agent efficace de traction. Les doutes qui s'étaient élevés dans beaucoup d'esprits sont complètement effacés par la manière dont se fait l'exploitation sur la ligne de Croydon. On voit que les résultats obtenus réfutent clairement les arguments et les assertions des ingénieurs opposés à ce système.

« Pour tous les points essentiels que l'on veut comparer dans les deux systèmes, soit la vitesse, la sûreté, la régularité ou l'économie, l'avantage est évidemment du côté du système atmosphérique. Ici nous n'avons point de collisions, ni aucuns des accidents inhérents au système des locomotives ; mais nous

(1) *Railway Record*, London, 16 mai 1846.

avons, à meilleur marché, une plus grande vitesse avec une sûreté et une régularité parfaite.

« Voici un tableau comparatif du mouvement des voyageurs, des recettes et des prix sur cette ligne, pendant la première quinzaine du mois de mai des dernières années, sans tenir compte des abonnements annuels, ni des droits payés par les compagnies de Douvres et de Brighton.

DATE.	Nombre de voyageurs du 1er au 14 mai inclusivement.	Recette du 1er au 14 mai inclusivement.	PRIX.			Moyenne par mille et par voyageur.
			1re cl.	2e	3e	
		Liv. st				
1843	8,630	547 7 8 1/2	2 sh. 3	1 9	point de 3e cl.	2 1/4 p.
1844	22,293	908 6 7 1/2	2 3	1 0		
1845	33,069	1,221 11 6 »	1 3	1 »	0 9	1 pence.
1846	42,365	1,461 16 11 »	1 3	1 »	0 9	

« On voit qu'en 1843, lorsque le prix des places était, en moyenne, de 2 1/4 pence par mille et par voyageur, on n'a transporté que 8630 personnes, tandis qu'immédiatement après qu'on eût mis des voitures de 3e classe, taxées à environ 3 farthing par mille et par voyageur, et qu'on eut réduit les prix de la 1re et de la 2e classe d'environ 45 p. 100, le mouvement sur cette ligne a augmenté de 400 p. 100 en 1845 et de 500 p. 100 en 1846, comparé à celui de 1843.

« Quant à la question de vitesse supérieure et de régularité, elle est résolue d'une manière aussi satisfaisante. En se reportant à la durée du parcours des 39 convois journaliers qui ont circulé pendant la dernière semaine, on voit que les trains remontant ont mis en moyenne 15' 4" et ceux descendants 17' pour parcourir 5 milles, en y comprenant les temps d'arrêt à 2 stations intermédiaires ; les convois parcourant toute la ligne sans s'arrêter ont mis en moyenne 8' 2" en montant et 9' 2" en descendant, pour parcourir la même distance.

« Ceci prouve, malgré tout ce qu'on peut dire, que le système le plus avantageux que peuvent adopter les compagnies de chemin de fer, dans leur intérêt et dans celui du public, est de faire partir des convois répétés et à des prix réduits ; on parvient ainsi à créer un bien plus grand mouvement de circulation, comme il est arrivé sur le chemin de Londres à Croydon, où les prix sont beaucoup plus bas que sur tous les autres chemins de fer du royaume. »

La soupape longitudinale ayant été réparée, le chemin de Croydon a été de nouveau ouvert à la circulation.

« L'exploitation (1) de la dernière semaine a satisfait complètement les partisans du système atmosphérique. Nous avons noté que sur 30 convois, s'arrêtant à des stations intermédiaires, la moyenne du parcours avait été de 16' 2", le minimum 14' et le maximum 19'.

« Les trains consistaient en 8 voitures, pesant environ 50 tonnes. Les trains de grande vitesse ont eu plus de variation dans les trajets qui se sont effectués en 11' au maximum et 5' au minimum. Nous avons appris que 2 trains, pesant 22 tonnes chacun, avaient parcouru la distance totale de soupape à soupape en 4'. La distance totale étant de 5 milles ou 8 kilomètres, cela fait 120 kilomètres à l'heure.

« Nous avons voyagé par le convoi de vitesse de 8 h. 50' ; partis de Croydon à 8 h. 57', nous sommes arrivés à 9 h. 5', parcourant la distance entre Croydon et Forest-Hill en 8', avec 7 voitures, pesant environ 40 tonnes, et nous arrêtant à une station pour prendre des voyageurs.

« Tout ce que nous voyons prouve que le système atmosphérique est pratique et que les assertions de M. R. Stephenson, devant le comité de la Chambre des communes, l'année

(1) *Railway Record*, Londres, 18 juillet 1846.

dernière, sont complètement erronées ; car nous trouvons dans l'enquête les questions suivantes qui lui ont été adressées et ses réponses à la suite de chacune.

« Question 1241 (1), pratiquement parlant, a-t-on obtenu de plus grandes vitesses avec le système atmosphérique qu'avec celui à locomotives ? *R.* Non, pas aussi grandes ; je n'ai jamais été à même de me convaincre par des expériences que la vitesse approchait en rien de celle qu'on peut obtenir sur des lignes à locomotives.

« 1242. Quelle est la plus grande vitesse que vous sachiez qu'on ait obtenu sur une ligne à locomotives? *R.* Sur celles de Great-Western, du Northern et de l'Eastern, j'ai fait 53 et 55 milles à l'heure.

« 1300. Supposons deux lignes parallèles, l'une atmosphérique et l'autre à locomotives ; que vous arriviez à une pente et que vous n'augmentiez la puissance ni sur l'une ni sur l'autre, voulez-vous dire que le convoi atmosphérique ne franchira pas plus vite cette pente que celui à locomotives ? *R.* Je ne crois pas. Je prendrai la ligne de Croydon pour exemple : Si l'on fait partir deux trains de la station de Bricklayers-Arms pour Croydon, un atmosphérique, l'autre avec locomotive, chacun avec un poids de 50 tonnes, je crois que le convoi à locomotive arrivera avant l'autre à Croydon.

« 1307. Avec une vitesse égale et des pentes égales, avec quel système obtiendrai-je le résultat le plus économique? *R.* Avec de faibles pentes la puissance est égale dans les deux systèmes ; mais avec de fortes pentes, lorsque la locomotive devient impuissante, le système atmosphérique est préférable.

« 1308. Ma question est relative à l'économie de la production de force motrice ? *R.* Alors, je dis que le système locomotif est beaucoup plus économique que celui atmosphérique.

---

(1) *Parliamentary report.* Londres, 1845.

« Voilà l'opinion de M. R. Stephenson, telle qu'il l'émettait en avril 1845. En mai 1846, on ouvre le chemin de Croydon, et le rapport de l'exploitation constate 22 p. 100 d'économie en faveur du système atmosphérique.

« On voit que M. Stephenson avait mal fait ses calculs, et nous pourrions publier beaucoup d'autres passages de son interrogatoire, et qui, en les comparant avec ce qui se passe aujourd'hui sous nos yeux, démontreraient combien à cette époque, il était dans l'erreur sur la question atmosphérique. »

Nous consignons ici de nouvelles observations que nous trouvons dans le ***Railway Record*** du 25 juillet :

« Dans la semaine qui vient de s'écouler, nous avons pu de nouveau constater la supériorité du système atmosphérique.

« Les recettes se sont élevées à 2,053 liv. st., et 26,000 personnes ont été transportées avec une régularité et une vitesse uniforme pendant tout le courant de la semaine. Ces faits répondent mieux que des paroles aux calculs et aux objections théoriques qu'on avait opposés au système atmosphérique.

« Nous avons toujours exprimé notre conviction dans l'efficacité pratique de ce système, et nous ne pouvons nous empêcher de citer les paroles de M. J. K. Brunel, dans l'enquête qui a eu lieu le 12 juin dernier, pour le bill de la ligne atmosphérique d'Exeter à Yeovil.

« DEMANDE. Savez-vous que M. Cubitt, qui a été un grand partisan du système atmosphérique, a avoué l'autre jour dans une réunion, que sa confiance était bien ébranlée, et qu'il ne conseillerait pas aujourd'hui à une compagnie l'adoption de ce système avant d'en avoir pu constater le succès par de nouvelles expériences ?

« RÉPONSE. Je crois qu'on est tout-à-fait dans l'erreur sur ce que M. Cubitt a dit.

« D. Votre confiance dans ce système n'a-t-elle pas été ébranlée ?

« R. Pas le moins du monde, et je l'ai positivement dit dans la réunion dont vous parlez. Tout ce qui est arrivé cette année prouve que chacune des objections élevées l'année dernière contre le principe atmosphérique est sans fondement, et prouve ce que nous savons tous, qu'il y a beaucoup de détails mécaniques qui demandent de l'expérience avant qu'on puisse en tirer parti, et c'est pour ce motif, peut-être plutôt par peur que par prudence, que j'ai différé l'ouverture de la ligne atmosphérique du South Devon, jusqu'à ce que la compagnie de Croydon ait eu la bonté de faire ces expériences à ses dépens. Tout ce qui est arrivé a confirmé, dans mon opinion, ce que j'ai dit sur ce sujet, et a contredit de la manière la plus nette tous les calculs et toutes les objections théoriques qu'on avait mis en avant contre ce système.

« D. Les calculs que l'on avait fait sur l'économie de l'exploitation par ce système, ont ils été réalisés? R. Je crois que oui, entièrement.

« D. Etes-vous fixé sur les dépenses d'exploitation, et connaissez-vous les détails pratiques? R. Oui.

« D. Si le principe atmosphérique venait à échouer, ou bien, si par le résultat de l'expérience il n'avait pas plus de succès qu'en ce moment, ce que je croirais pouvoir prendre la liberté de nommer un échec complet, s'il restait dans l'état où il se trouve à l'égard de l'exploitation pratique, continueriez-vous à demander l'application du système atmosphérique sur la ligne d'Exeter à Yeovil? R. Très positivement, oui. Votre question contient des faits contradictoires; je réponds à la dernière partie. Quant à ce que vous dites que ce qui arrive est un échec pour le système, je le nie.

« D. Savez-vous que de temps en temps, et encore dans ce moment, les convois du système atmosphérique ne marchent pas, et qu'on emploie des locomotives?

« R. Je sais très bien ce qui est arrivé, il y a quelques jours, lorsqu'on a arrêté l'exploitation atmosphérique, et je sais aussi pourquoi il en a été ainsi. Ce serait trop long à vous expliquer, mais si la compagnie n'avait pas eu de locomotives à sa disposition, elle se serait arrangé de sorte que l'on n'aurait pas arrêté.

« D'après ce qui a transpiré dans le public ces deux dernières semaines, nous avons tout lieu de croire que d'autres ingénieurs du plus haut mérite se sont prononcés aussi favorablement que M. Brunel sur le système de propulsion atmosphérique.

« Nous apprenons à l'instant que la Chambre des lords a approuvé le bill du chemin de fer atmosphérique de Londres à Portsmouth, et que cette ligne a été concédée à la compagnie du chemin de Croydon. »

« M. **CUBITT** (1) a déclaré le mois dernier (juillet), devant le comité de la Chambre des lords, chargé d'examiner la ligne dite Mid-Kent Railway, pour laquelle on demande l'application du système atmosphérique, que les convois circulaient sur le chemin de Croydon avec une régularité parfaite, et qu'on obtenait facilement aujourd'hui une vitesse de 60 à 70 milles à l'heure (96 à 112 kilomètres) pour les trains directs.

« Cette déposition confirme ce que nous avons souvent écrit, que les difficultés que la compagnie de Croydon a eues à vaincre n'étaient pas d'une nature à faire tort aux principes généraux de l'invention, et en fait, que les objections de MM. Stephenson, Locke, Hawkesly et Bidder avaient été complètement démenties par la pratique ; les difficultés qu'on a éprouvées étaient d'un caractère tout autre qu'on ne pensait. Il n'y a aucun doute qu'on ne doive regarder encore aujourd'hui le système atmosphérique comme dans l'enfance ; mais déjà il a donné plus de résultats qu'on n'en espérait, et lorsque l'expérience d'une autre année viendra se réunir à celle déjà acquise, personne ne pourra prévoir toute la valeur d'une invention aussi importante. »

Nous trouvons dans le *Railway Times* (2), une lettre adressée au *Morning Herald* par un de ses correspondants ; nous en donnerons un extrait :

« *Des progrès du système atmosphérique. — Chemin de Croydon.*

« Il a quelques jours, j'ai été à même de comparer la vitesse

---

(1) *Railway Record*, Londres, 8 août 1846.
(2) *Railway Times*, Londres, 8 août 1846.

obtenue sur le chemin atmosphérique de Croydon avec celle d'un train spécial de Yarmouth, sur la ligne à locomotives des Eastern Counties.

L'histoire du progrès du système atmosphérique, depuis les premiers essais jusqu'à l'exploitation actuelle, est extrêmement intéressante ; elle nous enseigne aussi avec quelle méfiance nous devons accueillir les théories professées par les hommes les plus savants sur des sujets pratiques. On se moquait encore de Fulton au moment où son bateau se mettait en mouvement, et ce ne fut que lorsqu'il eût parcouru une certaine distance que la foule assemblée battit des mains avec enthousiasme. N'a-t-on pas ridiculisé la force motrice de la locomotive quand on en parla d'abord ? Plus tard, les mêmes hommes qui ont amélioré cette locomotive, qui sont parvenus à atteindre à des vitesses auxquelles on leur soutenait qu'ils ne pourraient jamais arriver, ont été les premiers à traiter avec dédain la force tractive qu'on peut obtenir en faisant le vide dans un tube de quinze pouces, déclarant avec emphase que c'est folie d'y penser.

« Le système atmosphérique a certainement des avantages ; ses adversaires affirment qu'il a beaucoup plus d'inconvénients, ce que je ne chercherai point à combattre aujourd'hui. Le but que je me propose est de vous faire connaître ce qui se passe en ce moment, et présenter le contraste de la puissance atmosphérique avec ce qu'on prétendait qu'elle devait être. Que ce moteur soit puissant, l'exploitation dont je vais vous entretenir en fait foi, et chacun admettra qu'il offre un mode de voyager plus régulier, plus confortable et plus sûr que la locomotive. Les questions à décider, avant qu'on puisse le déclarer commercialement applicable à de longues lignes, sont les suivantes : peut-on s'assurer que la régularité dans les départs et dans les arrivées pourra être maintenue, et ce système est-il suffisamment économique ? Ce sont des questions que je ne traiterai pas ici ; pour résoudre la première il me manque beaucoup de renseignements que je n'ai pas actuellement ; quant à la seconde, il faut bien se persuader que l'exploitation par le mode de propulsion atmosphérique est tout-à-fait différent du mode actuel : c'est aussi un point trop important pour l'approfondir dans une note qui n'a pour objet que d'éclaircir deux ou trois faits intéressants et liés avec les progrès de ce système.

« En mai 1845, un des ingénieurs de chemin de fer les plus distingués du jour, et lui-même peut-être le premier constructeur de locomotives du monde entier, affirma devant un comité du Parlement qu'une section de tubes de 15 pouces, longue de trois milles, et dans lequel on aurait fait un vide de 20 pouces, ne donnerait pas une vitesse de dix-sept milles à l'heure avec une charge de 40 tonneaux sur une voie plane. Quel encouragement pour les esprits entreprenants de rendre publiques ces erreurs d'hommes éminents lorsqu'ils parlent d'inventions et de découvertes nouvelles ! Le 16 mai 1845, M. R. Stephenson, interrogé devant le comité du Northumberland, affirma que dix-sept milles à l'heure (27 1/4 kilomètres) était la limite de la puissance de traction avec un tube de 15 pouces, une section de trois milles (4.80 kilomètres), avec la charge et le vide indiqué plus haut. Je transcrirai une partie des réponses de M. Stephenson pour prouver ce que j'avance :

D. En fait, vous pensez que la moyenne du parcours serait de 17 milles?

R. Je ne pense pas qu'on la dépasserait sur une longueur de 3 milles, je ne le crois réellement pas.

D. Vous parlez toujours eu égard à un convoi de quarante tonneaux?

R. Oui.

D. C'est en admettant que le convoi parte après un arrêt?

R. Non; je parle d'un convoi entré dans le tube et déjà en mouvement ; même alors il ne maintiendra pas une vitesse moyenne de dix-sept milles à l'heure sur les trois milles de parcours.

D. Voulez-vous dire que si un convoi entre dans le tube à rairaison de dix-sept milles à l'heure, il ne pourra que maintenir cette vitesse?

R. Non, je ne crois pas même qu'il le puisse.

D. Je vous comprends; vous voulez dire qu'un convoi qui ne s'arrêterait pas d'un point à un autre marcherait à raison de dix-sept milles à l'heure.

R. Cette vitesse pourrait peut-être être plus considérable, lorsque le convoi approcherait de la machine ; mais je ne crois pas que sur une section de trois milles de longueur elle dépasserait ce chiffre. Toutes mes expériences me conduisent à cette conclusion.

« Telle était l'opinion emphatique, je le répéterai, d'un des premiers ingénieurs de chemin de fer de l'époque. Voyons quelle est l'exploitation actuelle sur une section de tubes de 15 pouces, d'une longueur de trois milles, avec une charge de 35 tonneaux et un vide bien au-dessous de 20 pouces. Je prendrai pour exemple le train de 9 h. 50 m. du matin partant de Croydon : il consistait en 5 voitures contenant 97 voyageurs, etc., le tout pesant 35 tonneaux ; il partit de la plate-forme à 9 h. 54 m. 40 secondes, le baromètre indiquant un vide de 19 pouces 1/2, réduit au milieu du parcours à 15 pouces et à 14 à l'arrivée. Le trajet s'effectua en 8' 44'', ce qui fait à peu près 34 milles et demi à l'heure, la vitesse maximum ayant été de 54 milles et demi.

« Le convoi suivant dont je pris note était celui spécial de 10 h. 50 m. partant de Croydon ; il consistait en un même nombre de voitures et avait à peu près le même poids que le convoi spécial à locomotive de Yarmouth. Les cinq milles ont été parcourus dans ce voyage en 6 minutes 45 secondes ; c'est 43 milles à l'heure en moyenne (68.80 kilomètres) ; la vitesse maximum a été de 64 milles 1/2 (102.80 kilomètres) et celle moyenne pour 2 milles sur les 5 de parcours, de 62 milles (99.20 kilomètres). Au départ du train, le baromètre marquait 19 pouces de vide et il est successivement tombé à 18, 17, 16, 15, 14, 12, 10, 9 et 8 1/2 au moment de l'arrivée à Forest-Hill.

« Je comparerai maintenant ce résultat obtenu par la propulsion atmosphérique à celui donné par la machine locomotive à roues de 6 pieds, employée à remorquer 30 tonneaux sur la ligne de Yarmouth; et, en faisant cette comparaison, j'adopterai un mode qui est tout en faveur de la locomotive. Dans cette circonstance, la distance la plus courte parcourue sans arrêt était celle de Norwich à Yarmouth, mais comme je ne pus pas reconnaître les bornes milliaires des 7 premiers milles, après avoir quitté Storedich, je pris les bornes au-delà des stations. Il arrive souvent que la première borne est à peu de distance de la station, et j'ai compté à partir de la deuxième sur la ligne à locomotives, tandis que j'ai pris la première sur celle atmosphérique.

« Le train locomotif spécial a parcouru les 3 milles à raison de 43 milles à l'heure en moyenne (68,80 kilomètres), de sorte qu'avec un poids égal le convoi atmosphérique a gagné sur celui à locomotive 18 milles à l'heure (28.80 kilom.)

On voit qu'un convoi de 35 tonneaux, c'est-à-dire 5 tonneaux de moins que le poids qui pouvait être remorqué, suivant M. Stephenson, à raison de 17 milles à l'heure et avec un vide de 20 pouces, a parcouru une section de tubes de 3 milles de longueur avec un vide bien moins considérable, à raison de près de 47 milles 1/2 à l'heure, ou à 30 milles de plus par heure que le maximum fixé par cet ingénieur.

Célérité, mouvement doux, sécurité sont assurés par la propulsion atmosphérique, et sans vouloir entrer ici dans les questions d'économie, je demanderai si, en addition à ce qui a été fait déjà dans un état d'enfance, le système atmosphérique peut assurer la régularité avec de nombreux convois; qui serait assez téméraire pour assigner une valeur en argent aux avantages publics qui doivent, dans ce cas, résulter de la réalisation de ce mode de traction? »

« Ayant été informé que l'exploitation de la ligne de Croydon marchait bien, j'ai été hier faire plusieurs voyages d'aller et retour, afin de m'assurer par moi-même de la régularité du service et si la vitesse qu'on m'avait dit être fort grande avec de légères charges avait augmenté ou non. Tous les convois dans lesquels j'ai voyagé sont arrivés avant l'heure fixée et la vitesse surpassait tout ce que j'avais vu jusqu'à présent. Avec un convoi de quatre voitures, comprise celle à laquelle est attaché le piston et qui contient des voyageurs, d'un poids d'environ 22 à 23 tonnes, nous avons atteint la vitesse de 75 milles à l'heure (120 kilomètres). Cette vitesse a été maintenue sur une distance de 1/4 de mille ; nous avons marché à 69 1/4 mille sur un autre quart de mille, à 64 1/4 sur un demi mille ; sur un mille et quart, nous avons fait juste 60 milles à l'heure (96 kilomètres). La distance du point de départ à l'arrivée, est de près de 5 milles.

« Je suis porté à croire qu'avant longtemps, sur la portion de 30 milles de la ligne du *South Devon*, on obtiendra une vitesse supérieure à 75 mille à l'heure. »

Londres, 12 août 1846.

UN CORRESPONDANT DU *Morning-Hérald.*

CHEMIN DE FER D'ESSAI DE LA GARE SAINT-OUEN.

En France, il en a été de même qu'en Angleterre ; chacun a voulu trouver une soupape pour fermer la rainure longitudinale du tube de propulsion. MM. Hallette, Zambaux, Jullien, Germain, etc., ont publié celles qu'ils avaient imaginées pour la propulsion atmosphérique, MM. Andraud et Pecqueur pour la propulsion, au moyen de l'air comprimé, mais on n'a fait aucun essai en grand de toutes ces soupapes.

M. Hédiard a imaginé de fermer l'ouverture longitudinale du tube au moyen de deux lames d'acier, formant ressort et boulonnées dans la fonte, de chaque côté de la rainure. Ces ressorts s'écartent pour donner passage à la tige creuse qui relie le piston au premier wagon ; cette tige, formant un coin très aigu, à sa partie antérieure, soulève les ressorts par-dessous et n'éprouve pas de frottement, puisque la pression atmosphérique ne se fait plus sentir, la tête seule du piston se trouvant dans le vide à un mètre en avant.

Ce chemin forme une ellipse continue de 1,700 mètres environ de développement, dont 595 mètres sont occupés par un tube de propulsion de 40 centimètres de diamètre, et dans lequel on fait le vide au moyen d'une machine à vapeur. Ce chemin est établi dans des conditions telles, qu'au moyen de la vitesse acquise dans les tubes, combinée avec l'effet de la gravité, le convoi peut parcourir la partie restante, (environ 1,100 mètres), et obtient ainsi un mouvement continu, en venant se remboiter dans les tubes.

Pour utiliser de cette manière, le terrain que M. Ardoin avait mis à la disposition de la compagnie, il a fallu faire des courbes à petits rayons et qui ne doivent jamais se représenter sur une voie de fer.

Cette première application en France du système atmosphérique a eu tout le succès qu'on en pouvait attendre. Le but principal qu'on se proposait, celui d'expérimenter la soupape à lames d'acier, formant ressorts et fonctionnant au milieu d'un réservoir de graisse, a été atteint; un grand nombre d'ingénieurs et de mécaniciens se sont prononcés pour son emploi pratique et sa supériorité sur la soupape anglaise de MM. Clegg et Samuda. La soupape de M. Hédiard est simple, peu dispendieuse et très durable.

Les résultats qu'on a obtenus à Saint-Ouen, ont été très satisfaisants; avec un vide de 0, 30 à 0, 375, le train composé de trois voitures, franchit en une minute les 595 mètres de développement du tube de propulsion, en atteignant ainsi une vitesse moyenne de 36 kilomètres à l'heure ou 9 lieues, gravit la dernière partie de la rampe, gagne le point de la pente où commence la déclivité de 0, 007, et revient au point de départ, de telle sorte que le piston s'introduit de lui-même dans le tube de propulsion, où le train est lancé de nouveau à une grande vitesse.

Avec un vide de 0, 45 à 0, 50, le train franchit les 595 premiers mètres en 30 secondes et revient au point de départ, après avoir parcouru en une minute et demi les 1, 102 mètres restants, de sorte que le tour total présentant un développement de 1,697 mètres, est fait en deux minutes. La vitesse moyenne est dans ce cas de 72 kilomètres ou 18 lieues à l'heure dans le parcours du tube de propulsion, mais elle est beaucoup plus considérable vers le milieu de ce parcours.

Si l'on avait eu un parcours de 8 ou 10 kilomètres, avec des courbes de 3 à 400 mètres de rayon, comme celle qui existe dans la ligne de tubes, la vitesse qu'on obtiendrait serait bien plus considérable : car il faut observer qu'à la gare Saint-Ouen, on sort des tubes, à raison de 15 à 20 mètres à la seconde, dans une courbe de 84 mètres de rayon ; aussi a-t-on dû employer les voitures articulées de M. C. Arnoux, l'habile directeur des ateliers de construction des messageries générales. Des ingénieurs avaient émis l'opinion que, dans la marche du convoi la tige du piston s'échaufferait d'une manière sensible ; l'expérience est là pour les convaincre du contraire. La tige en métal ne frotte point sur les ressorts de métal ; il y a toujours une légère couche de graisse interposée entre les deux métaux et qui facilite le glissement. Nous avons observé que plus on marche, plus les ressorts se dressent, n'éprouvant pas la moindre altération (1).

Le ministre des travaux publics a nommé une commission pour lui faire un rapport sur les essais de Saint-Ouen ; l'Académie des sciences a délégué les membres de la section de mécanique, auxquels elle a adjoint MM. Arago et Séguier ; la Société d'encouragement pour l'industrie nationale est aussi appelée à donner son avis sur une invention toute française. Espérons que l'opinion de ces corps savants sur l'emploi

(1) M. Hédiard a apporté depuis quelques jours une grande amélioration à sa soupape, en supprimant complètement le réservoir de graisse ; les lames d'acier sont recouvertes d'un cuir gras parfaitement tenu, et qui empêche toute rentrée d'air. Des tubes montés de cette manière ont été placés près de la pompe pneumatique ; on a fait le vide et le baromètre est monté à 68 et 70 centimètres : on n'entendait pas la moindre rentrée d'air.

pratique de la soupape de M. Hédiard sera de nature à la faire appliquer sur une ligne de 10, 15 ou 20 kilomètres, afin de prouver en France ce qui se prouve aujourd'hui en Angleterre, que les frais d'exploitation sont moindres que par le système à locomotives. Car, pour l'adoption de ce système, c'est une question d'argent, car la *sécurité* qu'il présente sur celui à locomotives, n'est que secondaire pour beaucoup de gens, tandis qu'elle devrait être la question principale.

RÉSUMÉ.

Après avoir constaté l'unanimité d'opinions professées par des hommes aussi distingués sur la possibilité d'appliquer le système atmosphérique à de courtes, comme à de longues lignes, peut-on encore s'arrêter aux objections de quelques ingénieurs qui, comme M. Stephenson, ont des intérêts opposés à défendre. Nous avons vu par ce qui se passe sur le chemin de Croydon, le cas qu'on doit faire d'assertions exprimées de la manière la plus formelle en 1845, et démenties par les faits en 1846 ; mais comme le disait M. Alexander (1) devant le comité de la Chambre des communes, cet ingénieur, si distingué d'ailleurs, n'est pas exempt de la prévention et des habitudes du métier qui ont opéré sur lui et sur son père depuis longues années.

Les assertions de M. Stephenson sur l'emploi pratique de la traction atmosphérique, sur les frais dans lesquels entraîne ce système, tant pour la construction que pour l'exploitation, sont trop exclusives et trop opposées à celles d'ingénieurs aussi distingués que lui pour s'y arrêter davantage. Nous avons vu que M. J. Brunel, dont certes personne ne récusera le témoignage, persiste, en juin 1846, devant le comité de la Chambre des communes, relativement à la ligne d'Exeter à Yeovill, dans toutes les opinions qu'il a émises en 1845, et affirme qu'il est

(1) *Parliamentary reports*. Londres, 1844.

convaincu plus que jamais *que le système atmosphérique est pratique, comme application mécanique et comme exploitation économique, en même temps qu'il offre une plus grande somme d'avantages au public.*

Beaucoup de personnes veulent considérer l'exploitation atmosphérique au point de vue de l'exploitation avec des locomotives ; c'est une erreur, et les deux modes sont tout à fait différents. Dans les applications qu'on fera en France, nous aurons tout l'avantage de l'expérience qu'on aura acquise avec les exploitations des lignes de Croydon et du South Devon. Peut-être, la demande en a été déjà faite, est-ce un ingénieur anglais qui viendra construire la première ligne atmosphérique, si nos ingénieurs repoussaient ce système qui, malgré la controverse, peut être résumé ainsi : *sécurité complète, grande vitesse, économie dans la confection et l'exploitation des chemins, avantages pour le public qui aura des départs répétés, comme ceux des omnibus, et à un prix réduit.*

Le meilleur système de chemin de fer sera celui qui offrira tous ces avantages réunis.

Si cela est vrai dans l'état actuel, dans l'enfance du système atmosphérique, que sera-ce donc quand on aura réalisé toutes les améliorations dont il est susceptible ? Les principaux perfectionnements sont : le choix d'une bonne soupape, l'économie dans la confection des tubes propulseurs et dans les moyens de faire le vide.

Quant à la soupape, tous les ingénieurs et mécaniciens, tant Français qu'étrangers, qui ont été à même de comparer celle de MM. Clegg et Samuda, à celle à lames d'acier de M. Hédiard, avec les nouveaux perfectionnements qu'il vient d'y apporter, ne font plus aucun doute sur l'emploi tout à fait pratique de cette dernière.

Quant aux tubes, on est déjà sur la voie d'y apporter une grande économie ; des essais ont été faits, et ils ont réussi ; ils vont être continués jusqu'à ce que la conviction soit générale.

On crie bien haut que les machines fixes, placées de 8 en 8

kilomètres, entraîneront dans des frais considérables. Je répéterai ce que M. Brunel en dit : « *Je ne puis encore préciser le coût comparatif de l'exploitation des deux systèmes, mais je ne vois aucunes raisons pour me faire penser que le moteur qu'on obtiendra à meilleur marché, et qui n'est pas employé d'une manière désavantageuse, ne sera pas au moins aussi bon que la puissance locomotive qu'on obtient d'abord d'une manière coûteuse, et qui n'est pas ensuite employée de la meilleure manière. C'est pourquoi je crois que dans les circonstances ordinaires, il doit moins en coûter pour la traction d'un train avec le système atmosphérique qu'avec les locomotives.* »

Maintenant, qui osera dire qu'on ne trouvera pas un moyen de faire le vide d'une manière plus économique, et tout aussi régulière qu'avec les pompes pneumatiques ? Sans doute les mêmes personnes qui ridiculisaient la force motrice de la locomotive quand on en parla d'abord, et qui traitent aujourd'hui le système atmosphérique avec tant de dédain. En Angleterre comme en France, cette question occupe beaucoup d'esprits; on travaille, et on arrivera au but qu'on se propose.

La locomotive a été sans contredit une des plus belles créations du siècle; malheureusement sa puissance est aussi terrible qu'elle est grande.

Espérons que le gouvernement protégera un système qu'il devrait être le premier à propager dans l'intérêt de la sécurité publique. Notre principe bien simple est l'*animation de l'air qui préside à l'ordre naturel.*

TABLE DES MATIÈRES.

www.ingramcontent.com/pod-product-compliance
Ingram Content Group UK Ltd.
Pitfield, Milton Keynes, MK11 3LW, UK
UKHW021614260726
13994UKWH00003B/1004

9 782329 408651